JN110111

図解
電気工学入門◀

佐藤 一郎［著］
Sato Ichiro

Ohmsha

まえがき

　本書はこれからはじめて電気工学を学ぼうとする読者や，電気工学科以外の学部の読者を対象として電気工学の基礎について述べてある．その特徴は，電気の現象について，図を多く使用して読者にわかりやすく解説したものである．

　したがって，電気工学では式の説明を行うために多く用いられている微分・積分等を用いた説明を避け，簡単な数学だけを使用して電気や磁気などの現象を，どのように解釈して行けばよいかについての説明を行った．

　本書は，電気に関連する事項を広く取りあげている．したがって，電気に関連する基礎的な知識が十分に得られるようにした．また，できるだけ図や写真を多く取り入れることにより，読者が電気の現象を理解しやすいように配慮してある．

　本書の構成は，「電気とは」，「直流回路」，「電流の磁気作用」，「交流回路」，「電気計測」，「電気機械と電気材料」および「各種の電気応用」とから構成されている．いずれの章も図や表を多く用いることにより，より理解しやすい構成となるようにした．

　各章の内容は，初心者のための電気に関する基礎的な事項について述べてある．したがって，これらの基礎的な事項を十分に理解することにより，さらに高度な電気に関する理論とその応用に対して十分に対応していくことも可能であろうと思われる．

　本書の執筆に当たっては多くの著書を参考にさせて頂いた．また，関係方面から写真等を提供して頂いた．本書の刊行に際しては，編集，校正にご尽力頂いた（株）日本理工出版会の方々に感謝する次第である．

1998 年 8 月

著者しるす

目　　次

第3章　電流の磁気作用

第4章　交流回路

第 5 章　電 気 計 測

第 6 章　電気機器と電気材料

第 7 章　各種の電気応用

第1章 電気とは

　電気は，電線によりどこにでも容易に送ることができる．また，取扱いも簡単なため，動力や照明などのエネルギー源として広く利用されている．しかし，電気もその取扱いを誤ると感電事故を起こしたり，また，漏電により火災などが発生したりして思わぬ電気災害を受ける場合がある．したがって，その取扱いには十分注意して電気を使用しなければならない．

1・1　発変電所の概要

　電力は，火力発電所，水力発電所，原子力発電所などで発生させ，発生した電力を送電線により需要地近くまで送電している．送電される電力の送電線での損失を少なくするために，送電電圧の値を高くして送電線に流れる電流の値を小さくして電力を送電している．これらの発電所で発電されているわが国の電力量の割合は，水力発電所で約 10 ％，火力発電所で約 60 ％，原子力発電所で約 30 ％等となっている．

　送電電圧の値は，発電機の発生する電圧 3.3 ～ 22 kV を発電所の所内に設置されている昇圧用変圧器により 275 ～ 500 kV と高電圧に昇圧され，この電気を送電線により需要地近くの超高圧変電所や一次変電所に送っている．

１　発電所

　電力を発生させるには水車やタービン等の原動機により発電機を運転して電力を発生させている．電力会社で電力を発生させる発電所には水力発電所，火力発電所，原子力発電所，揚水発電所などがある．次に，これらの発電所の概要を述べる．

（1）　水力発電所

　水力発電は，水のもっている位置のエネルギーを利用して，発電機の原動機
である水車を回し，この水車により運転される発電機により電気を発生させて
いる．水力発電所は水を貯水するためのダムと水車と発電機とから構成されて
いる．

　ダムは水を貯水するために河川を横断して構築されている．ダムには次に示
すような種類がある．

　ダムには取水制水門，排砂門等があり，これらの水門の開閉の制御には油圧
や電動により制御されている．大規模なダムを用いない水路式発電所では，**図
1-1** に示すように河川の上流に取水ダムを設け，沈砂池を通して導水管で発電
所上部の水槽まで導水し，水圧鉄管により水車まで水を導いている．

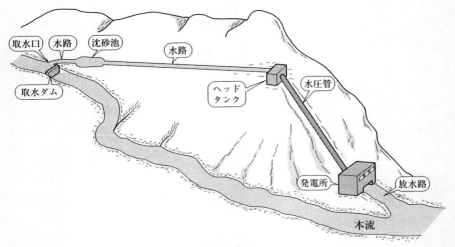

図 1-1　水路式発電所の概要

　発電機を駆動する水車には水量や落差により水車の形式が異なり，水のもっ

ている力学的エネルギーを有効に利用している．水車の種類には，次に示すような種類がある．

ペルトン水車は，高落差で小流量の場合に用いられる．また，フランス水車は，中落差で中流量の場合に使用される．現在では，フランシス水車からプロペラ水車に変わっている．

プロペラ水車は，低落差で大流量の場合に使用され，最近では多くの水車がこのプロペラ水車を使用するようになった．

電力を発生する水車発電機は，一般には，回転界磁形の三相交流発電機が用いられている．水車の構造上発電機はたて（竪）形の発電機が用いられ，発電機により発生する三相交流電圧の値は，

小型機　　3.3 kV
中型機　　6.6 kV
大型機　　11 ～ 22 kV

が主として用いられている．また，発電機の回転速度は水車の種類によって異なる．

発電所の変電設備は，発電機の出力電圧の値が 3.3 ～ 22 kV と比較的低い値のため，この電圧を変圧器により特別高圧に昇圧して送電線で需要地に送り出している．

(2)　火力発電所

火力発電所は，**図1-2** に示すように蒸気を発生させるボイラ設備，蒸気タービン，発電機，発電補機から構成されている．ボイラ設備は，重油や原油を燃料として炉の中で燃焼させ，ボイラの水管内の処理水を熱して蒸気としている．この蒸気をボイラ胴に集め，集まった蒸気をさらに過熱器で熱して高温・高圧

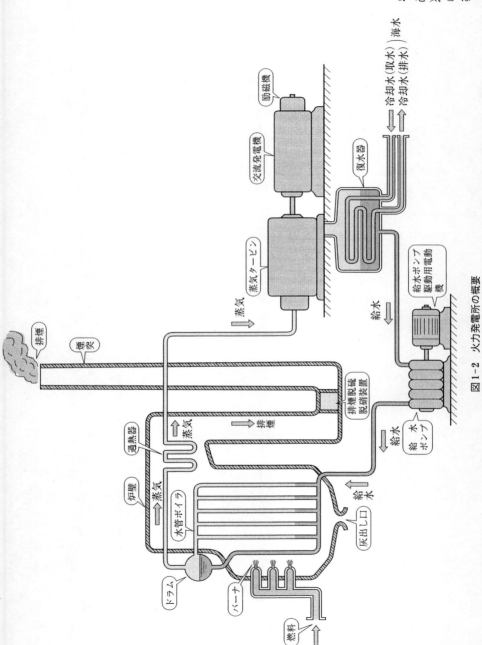

図 1-2 火力発電所の概要

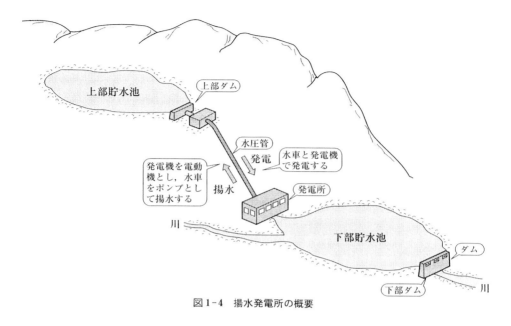

図1-4　揚水発電所の概要

を，発電所の上部の貯水ダムに汲み上げて蓄える.

　上部の貯水ダムに蓄えられた水は，日中の電力需要の多い時間帯に発電用として使用する. 発電に使用された水は再び下部のダムに蓄えられる. このように貯水ダムに蓄えられている一定量の水を夜間の余剰電力を用いて循環させ発電を行う発電所を揚水発電所と呼んでいる.

② 変電所

　発電所で発生した電力エネルギーを需要地に送電する場合，需要地が発電所の近くにある場合には，発電機からの電力エネルギーをそのまま需要場所に送電すればよい. しかし，電力エネルギーを大量に使用したり，輸送したり，また，細分化したりする場合には，発電機の発生する電圧の値を変換する必要がある.

　電力エネルギーを送電線にて送る場合，送電中の電力損失を最小とするためには，電圧を可能な限り昇圧して線路に流れる電流の値を小さくすることが有効である. また，都市や工場近くまで送電されてきた電気エネルギーは，電圧

の値を低圧に降圧して使用可能な低圧の電気エネルギーに変換される.

このように発生した電力を超高圧にしたり，また，特別高圧および高圧に変換することにより，合理的に，かつ，安全に需要家に電気エネルギーを分配することができる．したがって，この電圧の値を変換するための変電所が必要となる．このほか，送電線路が長距離で大電力を送電する場合や，海峡などの海底を電力ケーブルにより電力を送電する場合，交流電圧を直流電圧に変換して送電する直流送電が多く用いられている．直流送電は交流送電に比べて送電線路での損失が少なくなる．しかし，交流を直流に変換したり，また，直流を交流に変換する装置が必要となってくる．

このように変電所には大別して昇圧用変電所と降圧用変電所との2種類がある．水力発電所や原子力発電所は，電力の需要地より遠隔の地にあり，火力発電所は需要地に近い場所にある．発電所で発生する発電電力は非常に大きな値である．したがって，消費地まで電力の送電には送電電圧の値を高くし，また，送電電流の値を小さくして，送電線の抵抗による送電損失の値を小さくする必要がある．しかし，送電電圧の値を高くするとコロナ損が増加するといった欠点も生じてくる．

昇圧用変電所は発電機で発生した電圧の値を高くするための施設である．発電所の発電機で発生する電圧の値は 3.3 ～ 22 kV 程度と低いため，昇圧用変圧器を用いて送電電圧まで昇圧する必要がある．昇圧用変圧器は通常発電所の構内に別置されている．

昇圧用変電所から送電線路に送り出された電気エネルギーは，山地や平野を通り消費地に近い郊外へと送電されてくる．消費地の中を 500 kV や 275 kV といった超高電圧の送電線を引くのは送電事故時の大きな波及，送電線からの電磁障害や電波障害および土地の有効利用など，種々の理由により送電電圧を降下させる必要がある．

このように主幹線送電線の超高圧電圧を受電して，この電圧を 154 ～ 66 kV に降圧する役割をするところを**一次変電所**と呼んでいる．この一次変電所で降圧された電気エネルギーを都心または消費地のすぐ近くに送り，154 kV から 66 kV または 22 kV に降圧する変電所を**二次変電所**と呼んでいる．

電力は，さらに二次変電所を経由して，電圧は順次下げられ，市街地の各地

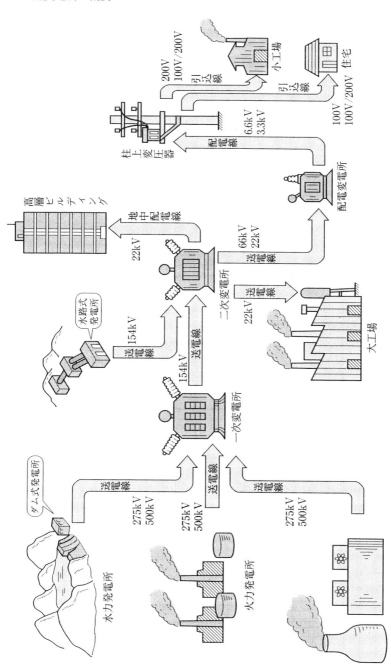

図1-5　電力送配電線路の概要

に散在する配電変電所に送電される．配電変電所では，さらに電圧を下げて6.6 kV または 3.3 kV の電圧にして高圧配電線路に供給し，この電圧を柱上変圧器により 200 V，100 V の電圧に下げて各家庭に配電されている．また，電力使用量の大きい工場では，二次変電所や高圧電線路から直接受電している．これらの線路の概要を図1-5に示す．

1・2　屋 内 配 線

　屋内配線は施設する電気工作物が人畜に危害を及ぼしたり，他の電気設備その他の物に障害を与えないように施工しなければならない．

　したがって，屋内配線を行う際，定められた工事方法により正しい電気工事を行わなくてはならない．また，これらの電気設備の安全保護のために規則によって点検・検査が義務づけられている．

1　屋内配線の配線方式

　屋内配線により屋内の電灯，コンセント，家庭用電気器具などに電気を供給している．一般家庭や小規模の工場，商店では，図1-6に示すように屋外の配電線路から 100 ～ 200 V の低圧で引き込み，引込み口の近くに電力量計，配線用遮断器を取り付けて，これらを経由して屋内に配線されている．

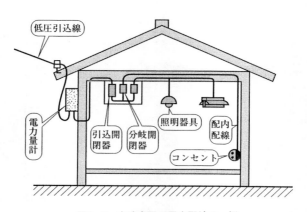

図1-6　木造家屋の屋内配線の一例

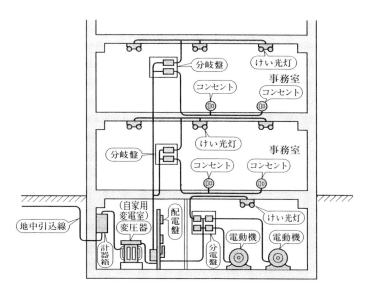

図1-7 ビルディングの屋内配線の一例

　また，多量の電力を使用するビルディングや工場などでは，**図1-7**に示すように6.6kVや22kVの高電圧を受電し，自家用の変電設備で使用する低圧電圧100〜200Vに変電して屋内配線に電力を供給している．

　一般家庭や事務所などの電灯，小型電気機器などは，ほとんど単相100Vが用いられている．比較的容量の大きいルームクーラや40Wのけい光灯では単相200Vを用いることがある．また工場の動力には三相200Vの三相誘導電動機が広く用いられている．屋内配線は，主に次のような配線方式による．

　①　100V単相2線式　　　②　100/200V単相3線式

　③　200V三相3線式

　これらの配線方式を**図1-8**に示す．

　特に単相3線式は100Vおよび200Vの2種類の電圧を利用することができ，この方式を負荷容量の大きい幹線に使用すると，100V単相2線式に比べて使用する電線量が少なくてすむ．ただ，注意することは，中性線が切れると100V回路の電圧が不平衡となり，過大な電圧が負荷に加わり事故の原因となることである．

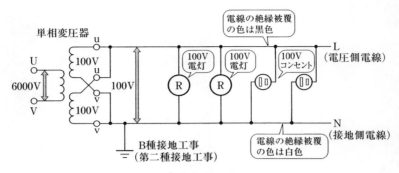

（a）100 V 単相 2 線式配線方式

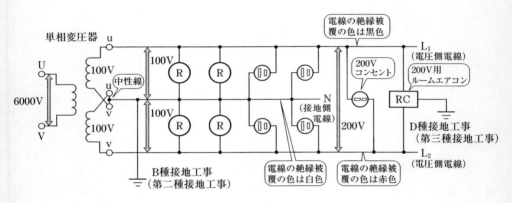

（b）100 V/200 V 単相 3 線式配線方式

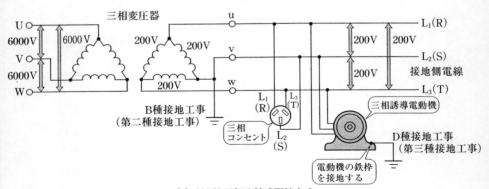

（c）200 V 三相 3 線式配線方式

図 1-8　屋内配線の配線方式

2 屋内配線用電線

　屋内配線には，絶縁電線が使用され，普通，電線の直径 1.6 mm の軟銅線以上の強さと太さの 600 V ビニル絶縁電線（IV）や 600 V ビニル外装ケーブル（600 V ビニル絶縁ビニルシースケーブル，VVF）が多く使用されている．このほか，絶縁電線には，屋外用ビニル絶縁電線（OW）や引込用ビニル絶縁電線（DW）などがある．

　電灯のつり下げ線や小型電気器具の移動用電線には，コードが用いられている．コードは，細い軟銅線を数十本より合わせ，その上に絶縁物を用いて被覆したもので，可とう性に富んでいる．コードには屋内コード，器具用コード，キャブタイヤコードなどがあり，それぞれの用途により使い分けられている．

3 屋内配線工事

　屋内配線工事には配管工事，ケーブル工事，がいし引き工事，ダクト工事などがある．これらの電気工事を行うには，電気工事士法により電気工事士免状所有者でなければ工事を行うことができない．

　配管工事は薄鋼電線管や合成樹脂管などを用いる．配管工事は建物の壁や天井，床などに配管を行い，絶縁電線を配管の中に引き込む配線方法で，コンクリートスラブ内に埋め込み配管する方法と外面に露出配管する方法とがある．

　ケーブル工事は，各種のケーブルを使用して配線する方法で，木造家屋などの配線には主として平形ビニル外装ケーブル（VVF）が使用されている．ケーブル工事は，施工が簡単で天井裏や真壁の中，床下などに配線する．

　がいし引き工事は，絶縁電線をノブがいしで支持し，天井や側壁などに配線する．がいし引き工事は主として木造家屋の配線に用いられている．しかし，現在では，がいし引き工事からケーブル工事に移行され，がいし引き工事は特殊な場所以外には用いられなくなった．

　ダクト工事は金属または合成樹脂線ぴで絶縁電線を保護して室内の壁などの表面に取り付けて配線する．

　このほかの工事方法には，金属管工事の端末と機器などの口出し線との接続箇所などに用いる可とう電線管工事などもある．

④ 電気設備の保安

　電気設備の安全保護のために，法規によって点検・検査が義務づけられている．屋内配線の検査には，新設検査，定期検査，臨時検査などがある．電気設備を安全に維持管理するためには，定期検査を行わなければならない．検査の

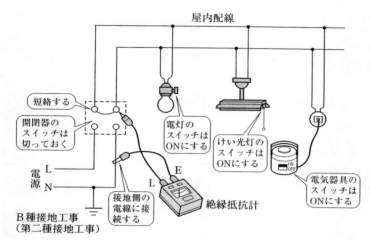

（a）屋内配線と接地間の絶縁抵抗測定

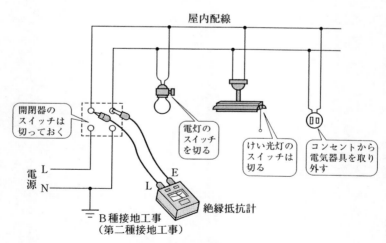

（b）屋内配線相互間の絶縁抵抗測定

図 1-9　屋内配線の絶縁抵抗の測定

内容は，絶縁抵抗測定，接地抵抗測定，導通試験などである．

絶縁抵抗の測定は，各分岐回路ごとに区切り，**図1-9**に示すように全部の電線を一括して，これと大地間および電線相互間について行われる．このときの絶縁抵抗の値は**表1-1**に示す値以上でなければならない．

表1-1　低圧電路の絶縁抵抗

電路の使用電圧区分		絶縁抵抗値
300 V 以下	対地電圧（接地式電路においては電線と大地との間の電圧，非接地式電路においては電線間の電圧をいう．以下同じ）が150 V 以下の場合	0.1 MΩ
	その他の場合	0.2 MΩ
300 V を超えるもの		0.4 MΩ

接地抵抗の測定は，電気器具や電気機器などからの誘導や漏電などによる感電事故を防止するために行われる．金属電線管，分電盤，電動機の外わくなどは接地されている．これらの接地抵抗の値は，100 Ω 以下と定められており，接地抵抗の値の測定には**図1-10**に示す接地抵抗計を使用して行う．

図1-10　接地抵抗計の外観

電気設備の絶縁抵抗測定や接地抵抗の測定は，一般家庭では無理であるが，工場などの自家用電気設備は，設置者がその保安上の責任を負うことと定められている．このため，保安規程を作成して電気主任技術者を選定する．電気主任技術者は自家用電気設備のすべての工事，維持および運用上の責任と義務がある．したがって，保安規程に従って，巡視，定期点検などを行い，常時，設備の保安に努めている．

第1章 練習問題

1. 水力発電所の構成を説明せよ.

2. 火力発電所の構成を説明せよ.

3. 原子力発電所の構成を説明せよ.

4. 揚水発電所の役割を説明せよ.

5. 変電所の役割にはどのようなものがあるか.

6. 送電線路が長距離で大電力を送電する場合に,送電電圧の値を高くする目的は何か.

7. 屋内配線方式にはどのような配線方式があるか.

8. 屋内配線にはどのような電線が使用されているか.

9. 屋内配線の検査にはどのような検査が行われているか.

10. 電気器具や電気機器の外わくの金属部は接地されている.この接地の目的は何か.

第2章 直流回路

　電気は日常生活やあらゆる産業に広く利用され，その役割は重要な地位を占めている．電気を利用するには電気の流れである電流を用いることが多い．

2・1　電流・電圧と抵抗

　直流回路における最も基本的な電流，電圧および抵抗についての知識を身につけ，さらに，これらの電流，電圧，および抵抗の相互関係についても十分に理解しておかなければならない．

1　電　荷

　物体を摩擦すると，それぞれの物体には電気が生ずることはよく知られている．それぞれの物体に生ずる電気の種類には，陽電気と陰電気とがある．この電気は物体による固有のものではなく，摩擦する相手の物体の種類によって異なる．

　次に並べた物体の中から2種類を選び，これを互いに摩擦すると，左側にある物体に陽電気が，右側にある物体には陰電気が生じる．

　毛皮　ガラス　雲母　絹　綿布　木材　こはく　樹脂　金属　いおう
（陽電気）　　　　　　　　　　　　　　　　　　　　　　　　　（陰電気）

　これらの物体に電気が生じることを物体が帯電したという．帯電した物体がもっている電気のことを**電荷**と呼び，その単位には**クーロン**〔単位記号 C〕を用いる．

② 導体と絶縁物

　帯電している物体が乾いた空気で囲まれていれば，帯電している電荷は長時間そのままの状態を維持する．しかし，帯電している物体を銅線などで大地に接続すると，電荷は瞬時に消滅してしまう．これは，電荷が銅線を通って大地に移動したためである．

　銅線のように電荷を通しやすい物体を**導体**と呼び，空気のように電荷を通さないものを**絶縁物**と呼んでいる．ほとんどの物体は，導体と絶縁物に区別することができる．

　導体には，金属，酸，塩，アルカリの水溶液，炭素などがある．また，絶縁物には，ゴム，ガラス，磁器，合成樹脂，絶縁紙，絶縁油，綿，絹，乾いた空気などがある．これらの絶縁物により物体が囲まれている場合，その物体は絶縁されているという．

③ 電　　流

　図 2-1 に示すように，電池の陽極と陰極の間に導線により電球を接続し，スイッチを閉じると電球は点灯する．これは，電池から導線を通して電球に電流が流れたためである．電流は電荷の移動によって生ずる．電流の大きさは，

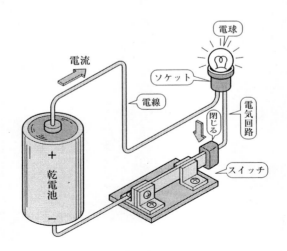

図 2-1　電気回路と電流の流れ

単位時間当たりに移動する電荷の量で表す．電流の単位には**アンペア**〔単位記号 A〕を用いる．

1 A とは，1 s（秒）間当たりに 1 C（クーロン）の電荷が移動した場合をいう．したがって，t 秒間に Q〔C〕の電荷が一定の速さで移動したときの電流の大きさ I は，

$$I = \frac{Q}{t} \ \text{〔A〕} \tag{2-1}$$

となる．

電流が導体を流れると，これに伴って種々の作用が生じる．私たちは，これらの作用によって電流の存在を知り，また，この作用を広く利用している．

(1) 熱作用

電流が導体に流れると熱が発生する．この熱は電熱器や白熱電灯などに利用されている．

(2) 磁気作用

電流が流れている導体の周囲の空間には磁界が生じる．この磁界による磁気作用は発電機，電動機，変圧器，電磁石などに利用されている．

(3) 化学作用

電解液に直流を流すと化学作用が生じる．この作用は化学工業に広く利用されている．

4 電圧

図 2-1 に示したように，乾電池に電球を接続してスイッチを閉じると，電流が一定方向に流れる．これは，電池によって一定方向の電気的な圧力が加わったためである．

このように，電気回路に電流を流すために電気的な圧力を加える．この圧力を電圧と呼んでいる．したがって，導体の両端に電圧を加えると導体に電流が流れる．電圧の方向は，電気回路を流れる電流の方向と同じ方向をとり，その

大きさの単位には**ボルト**〔単位記号 V〕を用いる.

　図 2-2 に示すように，A および B の水そうをパイプで接続すると，A および B の 2 つの水そうの水位の差により，水そう A からパイプを通して水位の低い水そう B に水が流入する.

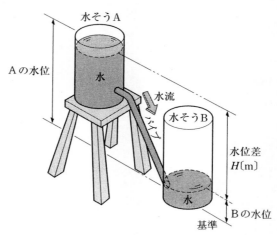

図 2-2　水位と水位差

　電気にもこれと同じ働きがある．**図 2-3** に示すように，乾電池と電球を接続し，スイッチを閉じると電位の高いほうから，低いほうに電位差を生じて電気回路に電流が流れる．電位および電位差の単位は，電圧と同様に，ボルトを使用する.

⑤　電気回路と起電力

　図 2-3 に示したように，乾電池に電球を導線で接続すると，この回路に電流が流れて電球は明るく点灯する．これは電球に電流が流れると電流の発熱作用により，電球のフィラメントが高い温度となり光を発生する．このように，電流が流れるためには電流の通路が必要である．この通路を**電気回路**または単に**回路**と呼んでいる.

　電球に電流を連続して流すためには，電球の両端に加わる電位差が一定でなければならない．電位差を一定に保つために乾電池が用いられている．このよ

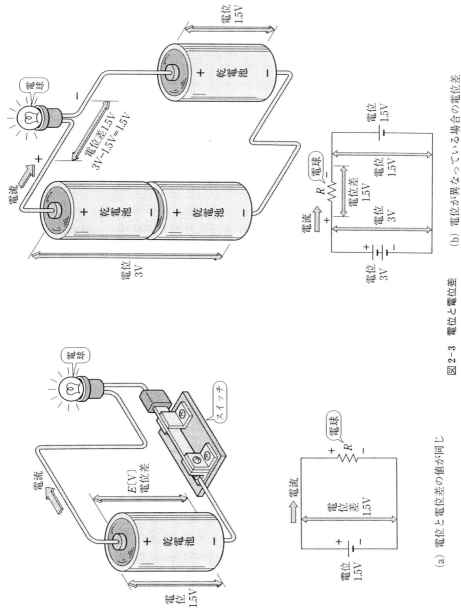

図 2-3　電位と電位差

(b) 電位が異なっている場合の電位差

(a) 電位と電位差の値が同じ

うに，電位差を保ちながら電流を持続して流す装置を**電源**と呼んでいる．

　乾電池に電球を接続すると電流が連続して流れる．これは，乾電池が端子間の電位差を一定にする働きをしているためである．このように電位差を保持して電流を引き続き流すことのできる能力を**起電力**と呼んでいる．起電力の大きさの単位にもボルト〔V〕を使用する．

6　静電容量

　一定量の水を形状の異なる種々の容器に入れると，その容器の大きさにより水位は異なる．これと同様に，ある一定量の正電荷を絶縁されている種々の導体に加えて帯電させると導体の電位は上昇する．しかし，電位の上昇の割合は導体の形状や大きさによって異なる．

　1つの独立した導体は，電位 V と導体に蓄えられた電荷 Q に比例し，次に示す関係式が得られる．

$$Q = CV \ \text{〔C〕} \tag{2-2}$$

　上式の比例定数 C を，その導体の**静電容量**と呼んでいる．また，2つの導体があり，その一方に $+Q$，他方に $-Q$ の電荷を与え，2つの導体の電位差が V であるとき，2つの導体間の静電容量 C は，

$$C = \frac{Q}{V} \ \text{〔F〕} \tag{2-3}$$

となる．

　静電容量の単位には**フアラッド**〔単位記号 F〕を用いる．1 F は 1 V の電圧で 1 C の電荷が蓄えられる静電容量の大きさである．静電容量の値を大きくし，電位を高くすることなく多量の電荷を蓄えられるよう，**図 2-4** に示すように導体を配置したものを**コンデンサ**と呼んでいる．

　コンデンサの静電容量の値は，図 2-4 に示したように，絶縁された 2 枚の平行平面導体から構成されているものでは，電極の面積 S〔m²〕，電極間の距離 d〔m〕および電極間にそう入する絶縁物の種類により定まり，次式で表される．

$$C = \frac{\varepsilon S}{d} \ \text{〔F〕} \tag{2-4}$$

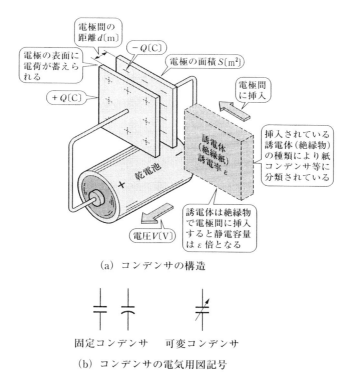

（a）コンデンサの構造

固定コンデンサ　　可変コンデンサ

（b）コンデンサの電気用図記号

図2-4　コンデンサ

　ただし，ε は絶縁物の誘電率で，電極間が真空の場合は ε の値は1である．

　コンデンサは電極間に挿入される絶縁物の種類により分類され，紙コンデンサ，マイカコンデンサ，油入コンデンサ，電解コンデンサ，磁器コンデンサなどがある．

⑦　電気抵抗

　図2-2で示したように2つの水そうの間のパイプに水を流した場合，同じ落差の場合でもパイプの太さや，その内部の状態で流れる水の量が異なる．電気回路もこれと同じように，導体を流れる電流も同じ値の電圧に対して流れやすいものと，流れにくいものとがある．この電流の流れを妨げる性質を**電気抵抗**または単に**抵抗**と呼んでいる．

導体とか絶縁物とかの区別は抵抗の値の大小によるものである. 導体のように電流が流れやすいものを抵抗が小さいといい, 絶縁物のように電流が流れにくいものを抵抗が大きいという. 抵抗の単位には**オーム**〔単位記号Ω〕が用いられる.

⑧ オームの法則

図2-5に示す電気回路では導体の両端に電圧を加えると電流が流れる. この場合, 導体に流れる電流の大きさは, 加えた電圧の大きさに比例する. また, 電流は導体の抵抗に反比例する. この関係を**オームの法則**と呼んでいる.

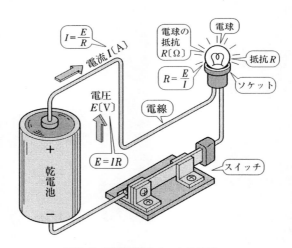

図2-5 電気回路とオームの法則

オームの法則は, 導体の抵抗を R〔Ω〕, 加えた電圧を E〔V〕, 流れる電流を I〔A〕とすれば,

$$I = \frac{E}{R} \text{〔A〕}, \quad E = RI \text{〔V〕}, \quad R = \frac{E}{I} \text{〔Ω〕} \tag{2-5}$$

の関係がある. この式により, 電流, 電圧, 抵抗のうち, 2つの値がわかれば, 他の1つの値は計算により求めることができる.

〔参考〕

オームの法則とは, オームが実験により求めた実験式で, 金属および電解液

には適用できるが，気体放電には適用することはできない．

2・2　抵 抗 回 路

図 2-6（a）に示す電気回路は「実体配線図」である．簡単な電気回路であればこのような実体配線図を用いて電気回路を表すことができる．しかし，複雑な電気回路になると，図 2-6（b）に示すような電気用図記号を用いた「展開接続図」により電気回路を簡単に表すことができる．

　ここで，電気回路の構成要素を接続する電線の抵抗は無視し，電球はそのフィラメントの抵抗で表す．

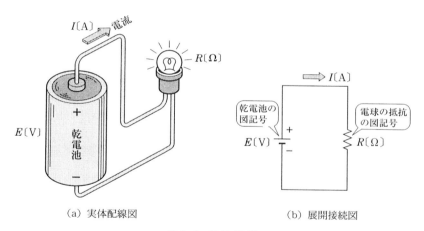

（a）実体配線図　　　　　　　　　（b）展開接続図

図 2-6　抵 抗 回 路

図 2-7 に示す抵抗回路では，電圧計（V）の指示は $R_1 \cdot I$〔V〕である．これは，抵抗 R_1 の両端 ab 間には $R_1 \cdot I$〔V〕の電位差があることを示している．一般に R〔Ω〕の抵抗に I〔A〕の電流が流れると抵抗の両端には $R \cdot I$〔V〕の電位差が生じる．したがって，抵抗 R_1 の端子 b 点は，端子 a 点より $R_1 \cdot I$〔V〕だけ電位が低くなる．

　この電位の降下を**電位降下**と呼び，その大きさは電位差で表す．また，電位降下の方向は電流の流れる方向を正として生じる．

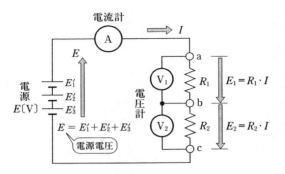

図 2-7 抵 抗 回 路

① 抵抗の接続

電気回路では，いくつかの抵抗を接続して使用することが多い．基本的な抵抗の接続方法には，**図 2-8** に示すように直列接続，並列接続および直並列接続がある．これらの抵抗を接続した電気回路の両端子間からみた抵抗を合成抵抗と呼んでいる．

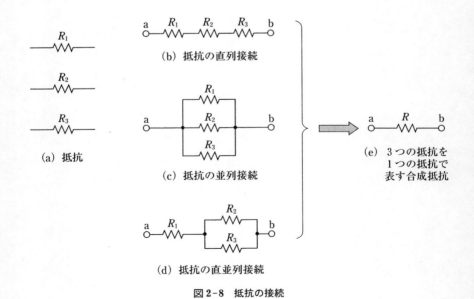

(a) 抵抗

(b) 抵抗の直列接続

(c) 抵抗の並列接続

(d) 抵抗の直並列接続

(e) 3つの抵抗を
 1つの抵抗で
 表す合成抵抗

図 2-8 抵抗の接続

（1） 直列接続

抵抗を一列に接続することを**直列接続**という．**図2-9**に示す回路は，3個の抵抗を直列に接続した直列接続回路である．直列接続回路の合成抵抗 R の値は，各抵抗の値の和となる．これは，直列接続では各抵抗には同じ値の電流 I が流れるためである．したがって，各抵抗の両端の電圧はオームの法則から，

$$E_1 = I \cdot R_1, \quad E_2 = I \cdot R_2, \quad E_3 = I \cdot R_3$$

となる．端子 a，b 間の電圧 E は，各抵抗の両端の電圧の総和となる．したがって，電圧 E は，

$$E = E_1 + E_2 + E_3 = I(R_1 + R_2 + R_3)$$

となる．そこで，直列に接続された3個の抵抗の合成抵抗の値を R とすれば，

$$R = R_1 + R_2 + R_3 \tag{2-6}$$

となり，

$$E = I \cdot R \qquad R = \frac{E}{I} \ \ (\Omega)$$

となる．このことから直列に接続された抵抗の合成抵抗の値は各抵抗の値の和となる．一般に抵抗が直列に接続された抵抗回路の合成抵抗 R の値は，各抵抗のいずれの抵抗の値よりも大きくなる．

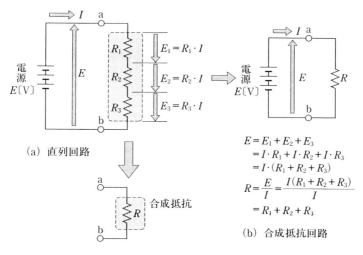

（a）直列回路

（b）合成抵抗回路

$$E = E_1 + E_2 + E_3$$
$$= I \cdot R_1 + I \cdot R_2 + I \cdot R_3$$
$$= I \cdot (R_1 + R_2 + R_3)$$
$$R = \frac{E}{I} = \frac{I(R_1 + R_2 + R_3)}{I}$$
$$= R_1 + R_2 + R_3$$

図2-9 抵抗の直列接続回路

(2) 並列接続

図 2-10 に示すように，3 個の抵抗を端子 a，b 間に並行させて接続することを**並列接続**という．抵抗の並列接続では，端子 a，b 間に電圧 E を加えると，各抵抗に同じ値の電圧が加わる．したがって，各抵抗を流れる電流はオームの法則により，

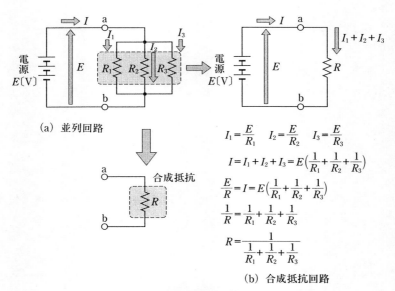

$$I_1 = \frac{E}{R_1} \quad I_2 = \frac{E}{R_2} \quad I_3 = \frac{E}{R_3}$$

$$I = I_1 + I_2 + I_3 = E\left(\frac{1}{R_1} + \frac{1}{R_2} + \frac{1}{R_3}\right)$$

$$\frac{E}{R} = I = E\left(\frac{1}{R_1} + \frac{1}{R_2} + \frac{1}{R_3}\right)$$

$$\frac{1}{R} = \frac{1}{R_1} + \frac{1}{R_2} + \frac{1}{R_3}$$

$$R = \cfrac{1}{\dfrac{1}{R_1} + \dfrac{1}{R_2} + \dfrac{1}{R_3}}$$

(a) 並列回路

(b) 合成抵抗回路

図 2-10　抵抗の並列接続回路

$$I_1 = \frac{E}{R_1} \quad I_2 = \frac{E}{R_2} \quad I_3 = \frac{E}{R_3}$$

となる．

　端子 a に流入する電流を I とすれば，電流 I は各抵抗を流れる電流の総和となり，

$$I = I_1 + I_2 + I_3 = E\left(\frac{1}{R_1} + \frac{1}{R_2} + \frac{1}{R_3}\right)$$

となる．そこで，並列に接続された 3 個の抵抗の合成抵抗の値を R とすれば，

$$\frac{E}{R} = I = E\left(\frac{1}{R_1} + \frac{1}{R_2} + \frac{1}{R_3}\right)$$

$$\frac{1}{R} = \frac{1}{R_1} + \frac{1}{R_2} + \frac{1}{R_3}$$

$$\therefore R = \frac{1}{\dfrac{1}{R_1} + \dfrac{1}{R_2} + \dfrac{1}{R_3}} \tag{2-7}$$

となる．したがって，並列に接続された抵抗の合成抵抗は，各抵抗の逆数の和の逆数となる．

　一般に抵抗が並列に接続された抵抗回路の合成抵抗 R の値は，各抵抗のいずれの抵抗の値よりも小さくなる．

(3)　直並列回路

　抵抗の接続で，直列接続と並列接続とを組み合わせた直並列回路がある．図 **2-11** に示す直並列回路の合成抵抗および各部の電圧，電流の状態について調べてみる．

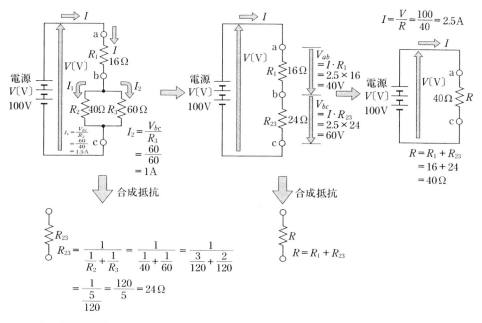

(a) 直並列回路　　　　　　　　(b) 直列回路　　　　　　　(c) 合成抵抗回路

図 2-11　抵抗の直並列接続回路

図 2-11 に示された直並列回路の合成抵抗 R は，まず，端子 b，c 間の並列回路の合成抵抗 R_{bc} の値を求める．

端子 b，c 間の合成抵抗 R_{bc} の値は，

$$R_{bc} = \frac{1}{\frac{1}{40}+\frac{1}{60}} = \frac{1}{\frac{3}{120}+\frac{2}{120}} = \frac{1}{\frac{5}{120}} = \frac{120}{5} = 24\,\Omega$$

となる．

また，端子 a，c 間の合成抵抗 R_{ac} の値は，

$$R_{ac} = R_{ab}+R_{bc} = 16+24 = 40\,\Omega$$

となる．

次に，端子 a，c 間に 100V の電圧を加えたとき，それぞれの抵抗を流れる電流 I と I_1 および I_2 の値をオームの法則より求める．

端子 a から回路に流れる電流 I は，

$$I = \frac{V}{R_{ac}} = \frac{100}{40} = 2.5\mathrm{A}$$

となる．

次に，端子 a，b 間および b，c 間の電圧をそれぞれ V_{ab} および V_{bc} とすれば，

$$V_{ab} = R_{ab}\times I = 16 \times 2.5 = 40\,\mathrm{V}$$
$$V_{bc} = R_{bc}\times I = 24 \times 2.5 = 60\,\mathrm{V}$$

となる．

また，抵抗 R_2 および R_3 に流れる電流，I_1 および I_2 の値を求めると，

$$I_1 = \frac{V_{bc}}{R_2} = \frac{60}{40} = 1.5\,\mathrm{A}$$

$$I_2 = \frac{V_{bc}}{R_3} = \frac{60}{60} = 1\,\mathrm{A}$$

となり，それぞれの抵抗に流れる電流の値を求めることができる．

2・3　電力と電力量

電気回路に電圧が加えられて電流が流れると種々な仕事がなされる．その仕

事の1秒間の量を**電力**という．また，一定の電力のもとに，ある時間内になされた仕事の総量をその時間内における**電力量**と呼んでいる．

① 電　　力

　図 2-12 に示す抵抗回路に電圧 V を加えると電流 I が流れる．R〔Ω〕の抵抗に I〔A〕の電流が流れるとき，単位時間当たり（1秒間当たり）$R \cdot I^2$〔J〕の熱量が発生する．

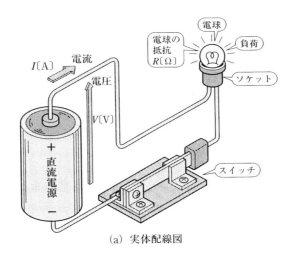

(a) 実体配線図

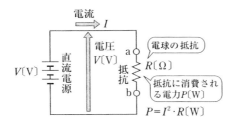

(b) 展開接続図

図 2-12　電　力　回　路

　抵抗に生じる熱量は，電気エネルギーが熱エネルギーに変換されて生じたものである．$I^2 \cdot R$〔J〕は，この抵抗回路における電流による**仕事率**である．ま

た，抵抗回路における電流による仕事率を電力と呼んでいる．電力の単位には**ワット**〔単位記号 W〕が用いられる．

1 W の電力は，1秒〔s〕当たり1Jの電気エネルギーに相当する．したがって，抵抗回路で消費される電力 P〔W〕は，電圧を V〔V〕，電流を I〔A〕，抵抗を R〔Ω〕とすれば，次式により求められる．

$$\left.\begin{aligned} P &= R \cdot I^2 \,〔\mathrm{W}〕 \\ P &= R \cdot I \cdot \frac{V}{R} = VI \,〔\mathrm{W}〕 \\ P &= R \cdot I^2 = R \cdot \frac{V^2}{R^2} = \frac{V^2}{R} \,〔\mathrm{W}〕 \end{aligned}\right\} \qquad (2\text{-}8)$$

このように，電圧 V〔V〕を加え，電流 I〔A〕が流れている抵抗回路の電力 P は，$V \cdot I$〔W〕となる．電流によってある仕事が行われるものを**負荷**と呼んでいる．

② 電 力 量

電流が時間内になす仕事（エネルギー）の総量を**電力量**という．電力量の単位には，〔Wh〕（ワット時）を用いる．1 Wh とは，1 W の電力を1時間〔h〕使用したときの電力量である．したがって，P〔W〕の電力を t〔h〕の間使用したときの電力量 W の値は，次式により表される．

$$W = P \cdot t \,〔\mathrm{Wh}〕 \qquad (2\text{-}9)$$

大きな値の電力量を表すには，1 kW の電力を1 h 間使用したときの電力量である〔kWh〕（キロワット時）を使用する．

$$1\,\mathrm{kWh} = 1\,000\,\mathrm{W} \times 3\,600\,\mathrm{s} = 3.6 \times 10^6\,\mathrm{Ws}$$

となる．

③ ジュールの法則

抵抗を有する導体に電流が流れると熱が発生する．このようにして発生する熱を**ジュール熱**と呼んでいる．発生した熱量は，抵抗の大きさと電流の大きさの2乗と，流した時間の積に比例する．この関係を**ジュールの法則**と呼んでいる．いま，R〔Ω〕の抵抗に，I〔A〕の電流を t〔s〕間流したときに発生する

熱量 H は，次式で表される．

$$H = R \cdot I^2 \cdot t \ \text{〔J〕} \tag{2-10}$$

熱量 H の単位記号〔ジュール，J〕はエネルギー単位であるが，熱量を表す単位としては**カロリー**〔calorie，単位記号 cal〕がある．熱量〔J〕とカロリー〔cal〕との関係は，

$$1\,\text{J} = 0.24\,\text{cal} \tag{2-11}$$

$$1\,\text{cal} = 4.2\,\text{J} \tag{2-12}$$

$$1\,\text{Ws} = 1\,\text{J} \tag{2-13}$$

となる．

1 cal とは，1g（1cc）の水の温度を 1 ℃上げるに必要な熱量（エネルギー）を 1 cal と呼んでいる．

第2章 練習問題

1. 電線のある断面を 0.5 s 間に 4 C の割合で電荷が通過している. この電線に流れている電流の大きさは何〔A〕か.

2. 電線に 5 A の電流が流れている. この電線のある断面を 5 s 間に通過する電荷は何〔C〕か.

3. 2 枚の金属板に 10 V の電圧を加えたら 10^{-5} C の電荷が蓄えられた. この金属板間の静電容量の値はいくらか.

4. 電圧が 1.5 V の乾電池に抵抗 3Ω の電球を接続すると, 電球に流れる電流の大きさは何〔A〕か.

5. 50Ω の抵抗をある電源に接続したら 2 A の電流が流れた. 電源の電圧の大きさは何〔V〕か.

6. ある抵抗に 100 V の電圧を加えたら 25 A の電流が流れた. この抵抗の値は何〔Ω〕か.

7. 25Ω, 30Ω, 45Ω の抵抗を直列接続した回路の合成抵抗 R の値は何〔Ω〕か.

8. 20Ω と 30Ω の抵抗を並列接続した回路の合成抵抗 R の値は何〔Ω〕か.

9. ある負荷に 120 V の電圧を加えたら 25 A の電流が流れた. 負荷に消費される電力の値は何〔kW〕か.

10.　抵抗 25 Ω に電流 20 A を流すと，抵抗に消費される電力の値は何〔kW〕
　　か.

11.　500 W の電球を 2 時間 30 分使用したときの電力量の値は何〔kWh〕か.

12.　4 Ω の抵抗に電流 2 A を 20 分流したとき，抵抗に発生する熱量 H の値は
　　何〔J〕か.

第 **3** 章　電流の磁気作用

第3章

電流が流れるところには必ず磁気が生じる．この磁気を使用して機械力を電気力に，また，電気力を機械力に変換することができる．したがって，電気機器の働きを理解するためには，電流と磁気の関係を十分に理解しておく必要がある．

本章では，電流と磁気の関係，電磁力および磁気による機械力などについて述べる．

3・1　磁気の概念

磁石が鉄粉などを引きつけたり，磁石同士が引き合ったり，また，反発し合ったりする現象はよく知られている．このような現象を**磁気**といい，磁気を帯びたものを**磁石**と呼んでいる．磁石が鉄粉を引きつける部分はその両端にあり，この部分を**磁極**と呼んでいる．

1　磁石と磁力

磁鉄鋼という鉱石がある．この鉱石は鉄粉，小鉄片などの軽い鉄を吸引する．この原因となるものを**磁気**といい，磁気を帯びているものを**磁石**と呼んでいる．磁石は，その両端に強い磁性を生ずる．この部分を**磁極**と呼んでいる．**図 3-1**に示すように，磁石を水平につるすと磁石は南北の方向に静止する．

北を向いている磁極を**北極**または **N 極**といい，南を向いている磁極を**南極**または **S 極**という．磁極のもつ磁性の強さは，磁気量によって定まる．磁極の強さの単位には，**ウェーバ**〔単位記号 Wb〕が使用されている．

磁石の 2 つの磁極間には，吸引力または反発力が働く．この力を**磁力**と呼ぶ．

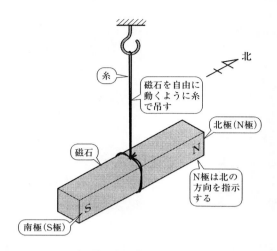

図 3-1　磁　　石

　磁極間に働く磁力の大きさは，両極間の強さの積に比例し，磁極間の距離の2乗に反比例する．また，その方向は，両磁極を結ぶ直線上にある．

　両磁極間に働く力は，両磁極が同種のときは反発し，異種のときは吸引する．このことを**磁極に対するクーロンの法則**と呼ぶ．m_1〔Wb〕，m_2〔Wb〕の磁極が真空中で r〔m〕の距離にあるとき，磁極間に働く磁力の大きさ F は，次式で表される．

$$F = 6.33 \times 10^4 \times \frac{m_1 \cdot m_2}{r^2} \text{〔N〕} \tag{3-1}$$

2　磁界と磁束

　磁力の働くところを**磁界**という．磁界の強さは，磁界中に，正の単位磁極をおいたとき，これに働く磁力の大きさと方向で表す．なお，磁力の大きさを，その点の磁界の大きさ，磁力の方向をその点の磁界の方向としている．磁界の大きさの単位には，**アンペア毎メートル**〔A/m〕を用いている．

　1 A/m とは，1 Wb の磁極に 1 N の磁力が働く磁界の大きさである．一般に，H〔A/m〕の磁界中に m〔Wb〕の磁極をおいたとき，これに働く磁力を F とすると，

$$F = mH \quad [\text{N}] \tag{3-2}$$

の関係がある.

　磁界中に正の小磁極をおき，この小磁極が自由に移動できるようにしておけば，小磁極はこれに働く磁力の方向に移動して**図3-2**に示すような形を描く．磁界の各点について，このような線を描けば，これらの線の方向と密度から磁界の状態を表すことができる．このような仮想的な線を**磁力線**と呼んでいる．磁力線はN極から出てS極に入る．

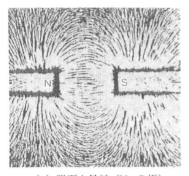 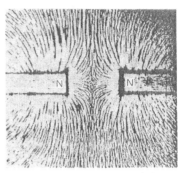

　　（a）磁石と鉄粉（N, S極）　　　　（b）磁石と鉄粉（N, N極）

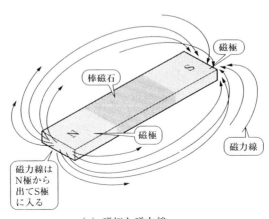

（c）磁極と磁力線

図3-2　磁　力　線

　磁力線も，1 つの磁極からは磁極の強さ 1 Wb 当たり 1 本の磁気的な線が出るものとして取り扱うと便利である．このように考えた磁気的な線を**磁束**と呼んでいる．磁束の単位も**ウェーバ**〔Wb〕が用いられる．したがって，磁界の大きさは磁束の密度で表すことが多く，この磁束密度の単位には**テスラ**〔単位記号 T〕を用いる．

　磁界の大きさ H〔A/m〕と磁束密度 B との間には，

$$B = \mu \cdot H \ \text{〔T〕} \tag{3-3}$$

の関係がある．

　ただし，μ は透磁率で物質によって異なる．

③　磁気誘導

　鉄片を磁界中に置くと鉄片には**図 3-3** に示す極性に磁気を生じて磁石となる．このように，磁界中の物体に磁気が生じる現象を**磁気誘導**という．また，物体が磁気をもつことを**磁化**されたという．

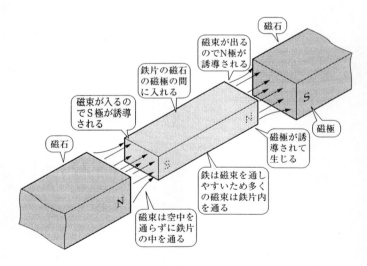

図 3-3　磁　気　誘　導

　磁界中で磁化される物体を**磁性体**と呼ぶ．磁性体も磁化される程度が強く，周囲の磁界を取り除いて磁気が残るものを**強磁性体**と呼ぶ．強磁性体には，鉄，

ニッケル，コバルトおよびこれらの合金がある．

3・2　電流と磁界

　導体に電流が流れると導体の周囲には磁界が生じる．この磁界の強さは電流の大きさに比例し，その向きは電流の流れる向きに対して直角に生じる．したがって，電流が直線の導体に流れると，導体を中心とする同心円上に磁力線ができる．

1　電流の磁気作用

　図3-4に示すように南北の方向に静止している磁針の上部に，これと並行に電線を置き，この電線に直流電流を流せば，磁針は今まで静止していた方向から移動する．これは，電流が流れている導体の周囲に磁界が生じ，磁気作用により磁針が動いたためである．

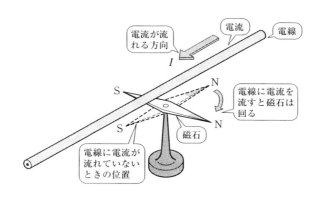

図3-4　電流による磁界

　電流による磁界は電流を中心とした同心円状に生じる．電流の方向と磁界の方向の関係は，**図3-5**に示すように右ねじの進む方向に電流を流すと，ねじの回転する方向に磁界が生じる．これを**アンペアの右ねじの法則**と呼んでいる．

　図3-5(b)は，この関係を平面上に表したもので，⊗印は電流が紙面の表側から裏側に，⊙印は裏側から表側に向かう方向を表している．

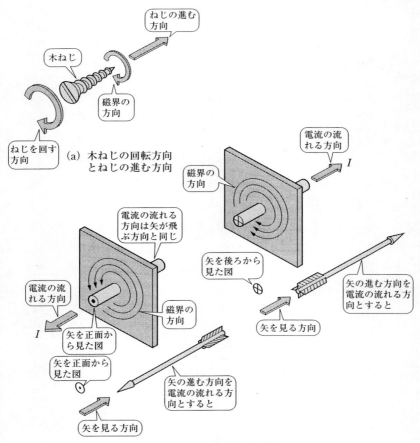

（a）木ねじの回転方向とねじの進む方向

（b）電流の流れる方向と磁界の方向

図 3-5　アンペアの右ねじの法則

② 鉄の磁化とヒステリシス

　図 3-6 に示すように，コイルに電流 I を流すと，コイル内に磁界を生ずる．コイルに鉄心を入れると，鉄心はコイル内の磁界により磁化されて磁石となる．このような磁石を**電磁石**という．

　電磁石の極性の強さはコイルに流す電流の値により変化する．また，電流の流れる方向を変えると磁極も変わる．鉄心を磁界中に入れて磁化する場合，そ

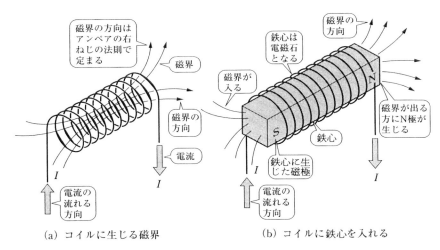

（a）コイルに生じる磁界   （b）コイルに鉄心を入れる

図3-6　電磁石

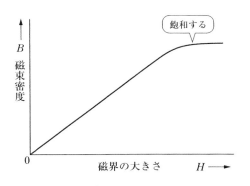

図3-7　磁 化 曲 線

の磁化の度合い，つまり磁束密度 B は，磁化力 H を増してもどこまでも大き

くなるものではなく，**図3-7**に示す B-H 曲線のようになる．

　磁化力 H は，コイルに流す電流 I に比例する．したがって，磁束密度 B と

磁化力 H の関係は磁束密度 B と電流 I の関係としても表すことができる．こ

の曲線を**磁化曲線**という．磁化力 H の小さい間は，磁束密度 B はほぼ磁化力

H に比例して増加する．しかし，磁化力 H がある値以上になると，磁化力 H

が増加しても磁束密度 B はほとんど増加しなくなる．これを**磁気飽和**と呼ん

でいる.

　一般に鉄のような強磁性体を磁化し，その後，磁化力 H を取り去っても中性の状態にもどらず少量の磁気が残る．磁化されていない鉄心をはじめて磁化させるには，次のようにする.

　まず，磁化力を 0 から $+H_m$ まで少しずつ増加させてゆくと，磁束密度は**図3-8**に示すように 0-a の磁化曲線となる．磁化曲線が a 点に達して磁束密度は $+B_m$ となる.

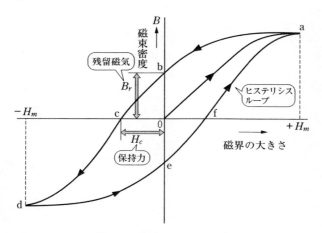

図3-8　ヒステリシスループ

　次に磁化力 H を減少してゆくと，磁束密度の減少は最初の磁化曲線とは一致せず，曲線 ab となる．磁化力 H を 0 にしても磁束密度は 0b〔$=B_r$〕に相当する値が残る．これを**残留磁気**と呼んでいる.

　この残留磁気を打ち消して，磁束密度を 0 にするためには，反対方向の磁化力 0c〔$=H_c$〕を加えなければならない．この H_c を**保磁力**と呼ぶ.

　さらに磁化力を負の方向に増してゆくと磁化力が $-H_m$ になると，鉄心は反対方向に cd のように磁化される．このときの磁束密度は $-B_m$ となる.

　次に，磁化力を正の方向に増加してゆくと，e, f, a の経路をたどって a 点に帰る．このように磁化力が $+H_m$ と $-H_m$ の範囲で一巡すると，磁束密度 B もまた，$+B_m$ から $-B_m$ まで変化する．その変化は a, b, c, d, e, f, a という閉曲線となる．この場合の磁化力 H と磁束密度 B の関係を表す曲線を**ヒ**

ステリシスループと呼んでいる.

③　磁気回路

　電気機器には磁気回路を利用したものが多い. 磁気回路は鉄心などの強磁性体で磁束の通路を作る. その鉄心の上に巻線を施して巻線に電流を流すと起磁力が生じる. この起磁力により鉄心による磁束の通路に多くの磁束を生じさせるものである.

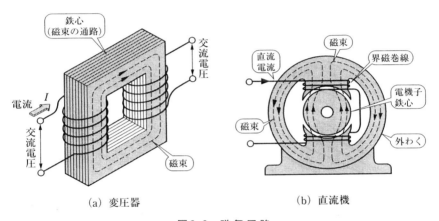

(a) 変圧器　　　　　　　(b) 直流機

図3-9　磁気回路

　図3-9(a)に変圧器の磁気回路と巻線とを示す. 変圧器は図に示したように鉄心と巻線とにより磁気回路を形成している. 変圧器の一次側の巻線に電圧を加え, 巻線に電流を流して鉄心に磁束を作る. この磁束により変圧器の二次側の巻線から再び電圧を得ている. また, 図3-9(b)は直流機の磁気回路で磁束は磁極鉄心, 回転鉄心, 継鉄(外わく)などを通る.

　磁気回路中に生ずる磁束 Φ は, 巻線の巻回数 N〔回〕および巻線に流れる電流 I〔A〕による起磁力 $I \cdot N$〔A〕の大きさと磁束の通路の材料や形状などにより決まり, 次式で表される.

$$\Phi = \frac{I \cdot N}{R} \; \text{〔Wb〕} \tag{3-4}$$

　この式に用いる R を**磁気抵抗**と呼び, 単位には**毎ヘンリー**〔単位記号 1 / H〕

を用いる．磁気回路の磁気抵抗の大きさは磁束の通路の長さに比例し，通路の
断面積と鉄心材料の比透磁率に反比例する．

4 電磁力とその応用

　磁界内に電流の流れている導線を置くと，その導体には力が働く．**図 3-10**
に示すように，磁石の磁極の間にコイルを置き，電気回路のスイッチを閉じて
磁界の中にあるコイルに電流を流すと，コイルは矢印の方向に振れる．これは，
コイルに流れた電流と磁界の相互作用によって矢印の方向に力が生じたためで
ある．

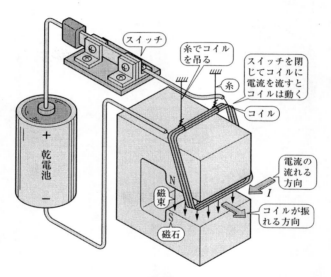

図 3-10　電磁力の発生

　一般に，磁界中にある導体に電流を流すと導体に力が働く．この力を**電磁力**
と呼んでいる．コイルに働く電磁力の方向は，**図 3-11** に示すように左手の親
指，人差し指，中指を互いに直角に開き，人差し指を磁界の方向に，中指を電
流の方向にとると，親指の方向に電磁力が働く．この関係を**フレミングの左手
の法則**という．このように電磁力は，電気エネルギーを運動のエネルギーに変
換することができる．

　この電磁力を応用したものには電動機や指示電気計器などがある．

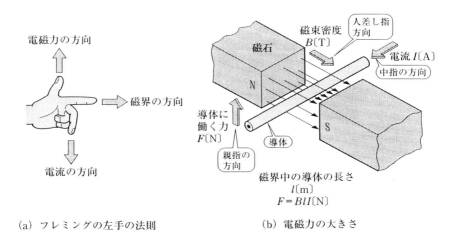

（a）フレミングの左手の法則 　　　　　（b）電磁力の大きさ

図3-11　電磁力の大きさと方向

3・3　電磁誘導

導体に電流を流すと磁界を生ずる．また，磁界により導体に起電力を生じさせる現象があり，これを電磁誘導と呼んでいる．導体に生じる起電力を誘導起電力と呼び，導体に流れる電流を誘導電流と呼んでいる．

1　電磁誘導作用

図3-12に示すようにコイルに磁石を近づけたり遠ざけたりすると，コイルに接続されている検流計の指針が振れる．これは磁石の位置を変化させると，コイル内を通る磁界の強さが変化する．このように磁界の強さが変化することによりコイルに誘導起電力が生ずるためである．この誘導起電力により誘導電流が流れて検流計の指針を振らす．

コイルに生ずる誘導起電力 e の方向は，図3-13に示すように，コイルを通る磁束が増加するときは，これを減少させる方向に生じる．また，磁束が減少するときは，これを増加させる方向に生じる．このように誘導起電力 e の方向は磁束の変化を妨げる方向に生じる．この関係をレンツの法則と呼んでいる．

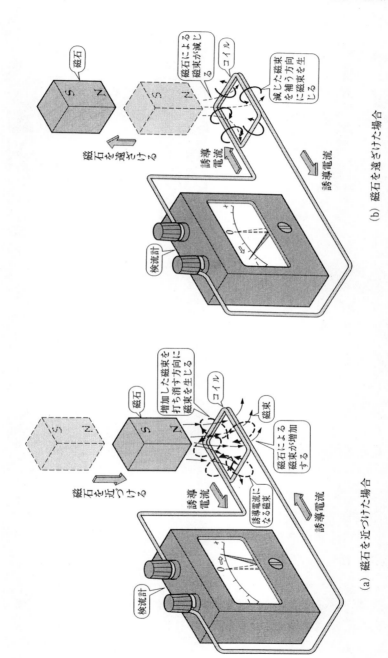

（b）磁石を遠ざけた場合

（a）磁石を近づけた場合

図3-12　電磁誘導作用

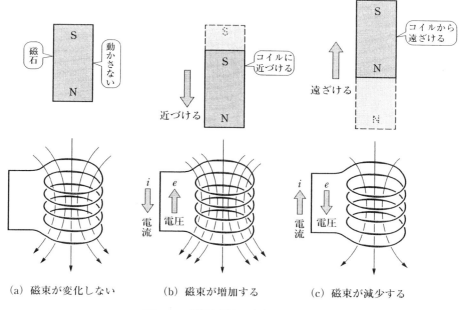

(a) 磁束が変化しない   (b) 磁束が増加する   (c) 磁束が減少する

図3-13 誘導起電力の方向

② 電磁誘導の応用

　導体が磁界中で運動して磁束を切ると，導体には誘導起電力 e が生ずる．起電力 e の大きさは，**図3-14** に示すように磁束密度 B〔T〕の平等磁界の中に長さが l〔m〕の導体を磁界と直角方向に置いて，磁界，導体の方向を互いに直角の方向に v〔m/s〕の速度で移動させると，

$$e = B l v 〔V〕 \tag{3-5}$$

の起電力が誘起される．

　また，誘導起電力の方向は，**図3-15** に示すように，右手の親指，人差し指，中指を互いに直角になるように開き，人差し指を磁界の方向に，親指を運動の方向に向けると，中指の方向に誘導起電力が生ずる．この方向に誘導起電力による電流が流れる．これを**フレミングの右手の法則**と呼んでいる．

　発電機は，この電磁誘導を利用したものである．交流発電機は，**図3-16** に

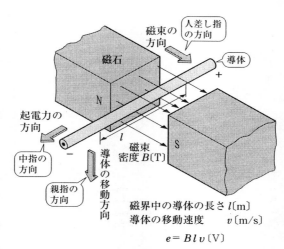

図 3-14　運動の方向と起電力の向き

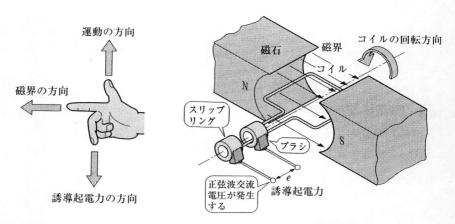

図 3-15　フレミングの右手の法則　　　　図 3-16　交流発電機の原理

示すように，平等磁界の中にコイルを入れ，磁界と直角な軸の周りを一定の速
度でコイルを回転させると，コイルには周期的に変化する起電力が発生する．

　この起電力をコイルに取り付けられているスリップリング，ブラシを通して
取り出すと，**図 3-17** に示すような正弦波状に変化する起電力が得られる．こ
のように方向と大きさとが周期的に変化する電圧を交流電圧と呼んでいる．

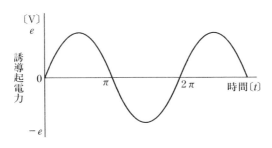

図 3-17 正弦波交流

③ 自己誘導作用

図 3-18 に示すように，コイルに電流 I を流すと，電流 I に比例した磁束 Φ を生じる．この磁束 Φ はコイルの中を貫く．また，電流 I が変化すると電流 I に比例して磁束 Φ も変化する．

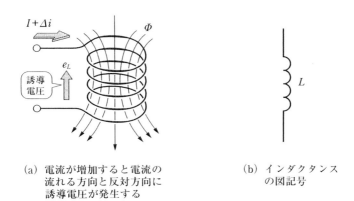

（a）電流が増加すると電流の
流れる方向と反対方向に
誘導電圧が発生する

（b）インダクタンス
の図記号

図 3-18 自己誘導作用

磁束が変化するとレンツの法則に従って，コイルには誘導起電力 e_L が生じる．このようにコイルを流れている電流が変化したとき，そのコイルに誘導起電力が生じる．この現象を**自己誘導**という．誘導起電力の大きさはコイルの巻数を N とすれば，

$$e_L = -\frac{N \Delta \Phi}{\Delta t} \tag{3-6}$$

となる.

　電流によって生ずる磁束は電流に比例するから，式（3-6）は，

$$e_L = -N\frac{\Delta \Phi}{\Delta t} \propto -\frac{\Delta I}{\Delta t} \tag{3-7}$$

としてもよい.

　したがって，比例定数を L とおけば，

$$e_L = -L\frac{\Delta I}{\Delta t} \tag{3-8}$$

となる.

　L はコイルによって定まる比例定数で，これを**自己インダクタンス**と呼び，その単位は**ヘンリ**〔単位記号 H〕である．1 H の自己インダクタンスは，電流が 1 s 間に 1 A の割合で変化するときに 1 V の起電力を生じる大きさである.

④　相互誘導作用

　図 3-19 に示すように，独立した 2 個のコイル P と S を近づけておき，一方のコイル P に電流 I_P を流すと，電流 I_P により磁束 Φ_P を生じる．コイル P に生じた磁束 Φ_P の一部または全部がコイル S を貫く．このときコイル P に流れる電流 I_P を Δi_P だけ変化させると磁束 Φ_P も変化する．したがって，コイル S には誘導起電力 e_M が生じる.

　この誘導起電力により誘導電流 i_P が流れる．この現象を**相互誘導**と呼ぶ．誘導起電力 e_M は，Δt〔s〕当たりの電流変化分 Δi_P〔A〕に比例し，次式で表される.

$$e_M = -M\frac{\Delta i_P}{\Delta t} \tag{3-9}$$

　ここで，M を**相互インダクタンス**といい，単位には自己インダクタンスと同じ単位のヘンリ（H）を用いる．1 H の相互インダクタンスは，一方のコイルの電流が 1 s 間に 1 A の割合で変化したとき，他方のコイルに 1 V の誘導起電力を生ずる大きさである.

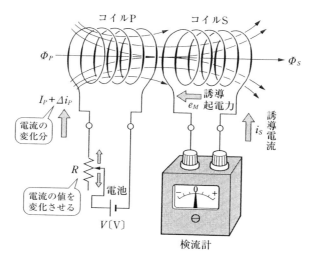

図 3-19 相 互 誘 導

5 変圧器の原理

図 3-20 に示すように，一次コイル P と二次コイル S との間に鉄心を入れる
と磁束が通りやすくなる．磁束が通りやすくなると相互誘導作用が強くなる．

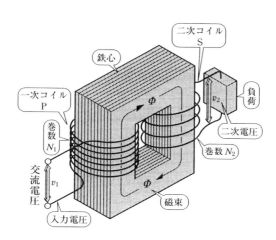

図 3-20 変圧器の原理

いま，一次コイルPに正弦波交流電圧を加えると，コイルPに電流が流れ正弦波状に変化する磁束 Φ が生ずる．

一次コイルPには，自己誘導作用による正弦波状に変化する起電力が生じて，一次コイルに加えた一次電圧 v_1 とつり合っている．また，二次コイルも，正弦波状に変化する起電力 v_2 を生じる．いま，漏れ磁束がないとして，一次コイルに生じた磁束 Φ が全部二次コイルを貫くものとして，一次コイルおよび二次コイルの巻数を，それぞれ N_1, N_2 とすれば，

$$v_1 = -N_1 \frac{\Delta \Phi}{\Delta t} \quad v_2 = -N_2 \frac{\Delta \Phi}{\Delta t}$$

の関係から，

$$\frac{v_1}{v_2} = \frac{N_1}{N_2}$$

$$v_1 = \frac{N_1}{N_2} v_2 \qquad\qquad\qquad (3\text{-}10)$$

が得られる．したがって，変圧器ではコイルの巻数 N_1/N_2 に比例した電圧が二次側の巻線に生じる．

このように，変圧器はコイルの巻数比を適当に選ぶことにより，任意の電圧を得ることができる．これが変圧器の原理である．

6 うず電流と鉄損

図 3-21 に示すように永久磁石の空隙（げき）部に銅やアルミニウムなどでできた円板を設け，この円板を回転させると導体である円板は磁束 Φ を切って回転する．円板が回転すると**図 3-22** に示すように導体中に誘導起電力が生じ，この起電力により導体中にうず状に電流が流れる．この電流を**うず電流**と呼んでいる．

また，**図 3-23** に示すように，鉄心を貫いている磁束 Φ が変化すると，鉄心の中に誘導起電力が生じ，その磁束変化を妨げようとする方向に電流が流れる．この電流をうず電流と呼んでいる．

鉄心にうず電流が流れると，鉄心の抵抗により電力損失を生じる．これを防ぐために鉄心相互間を電気的に絶縁した薄い鉄板を重ねて使用する．このよう

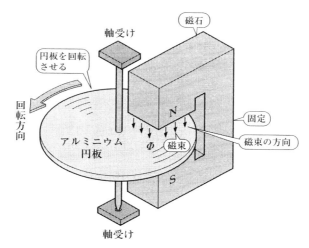

図 3-21　磁束の方向と円板の回転方向

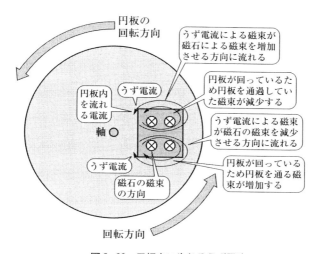

図 3-22　円板内に生じるうず電流

に鉄心の抵抗の値を大きくして鉄心を流れるうず電流の値を小さくしている.
このような鉄心を重ねたものを成層鉄心といっている.

　電気機械などでは，うず電流による電力損失は発熱作用を伴い損失となる.
これをうず電流損と呼んでいる. 鉄心には，このほかにヒステリシス損があり，

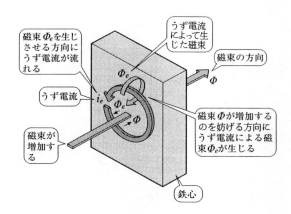

図3-23　鉄心中に生じるうず電流とその方向

この両者を合わせた損失を**鉄損**と呼んでいる.

第3章　練 習 問 題

1. 磁極の強さが 4×10^{-2} Wb と 6×10^{-2} Wb である磁極が，真空中で 20 cm の距離にあるとき，両磁極間に働く磁力の大きさは何〔N〕か.

2. 大きさが 10^3 A/m の磁界中に 0.4 Wb の正の磁極を置いたとき，この磁極に働く磁力の大きさと方向を求めなさい.

3. 空気中で，ある場所の磁界の強さが 500 A/m であるとき，その場所での磁束密度は何〔T〕か.

4. 磁気回路のコイルの巻数が 1 000 回で，これに 0.5 A の電流を流したときの磁気抵抗 R は 10^2 H^{-1} であった. このとき生じた磁束は何〔Wb〕か.

5. 磁束密度が 2 T の平等磁界内に，長さ 1 m の導体をおき，この導体を磁束の向きと直角の方向に 50 m /s の速度で動かすとき，導体に生ずる誘導起電力の値は何〔V〕か.

6. コイルの巻数 N が 50 回，磁束 Φ が 0.2 s 間に 0.4 Wb だけ減少したときの誘導起電力 e の値は何〔V〕か.

7. L が 0.5 H のコイルに流れる電流が，0.2 s 間に 5 A の割合で増加したとき，誘導起電力 e_L の大きさと，その方向はどうなるか.

8. 相互インダクタンスが 0.5 H の 2 つのコイルで，片方のコイルの電流が毎秒 10 A 変化したとき，他方のコイルの誘導起電力の値は何〔V〕か.

9. 一次電圧 6 000 V，巻数 4 500 の変圧器がある. 二次電圧 100 V を得るには二次巻線の巻数をいくらにすればよいか.

第4章 交流回路

電気には，直流と交流とがある．実際に利用されている電圧や電流の多くは交流である．交流は直流に比べて異なった性質をもっている．したがって，その取扱いにも直流と異なる点が多い．

また，交流にもいろいろな波形のものがある．

本章では，交流の最も基本である正弦波交流について，交流の基本的性質や，その取扱い方について述べる．

4·1 交　　流

第3章で述べた直流は，電流の流れる方向も，また，その大きさも一定であると考えてきた．これに対して交流では，電流の流れる方向とその大きさは時間と共に規則正しく変化する．

したがって，交流回路では，交流回路における種々の法則を十分に理解しておかなければならない．

1 直流と交流

電流が電線中を絶えず一方向のみ流れる電流を直流電流という．また，流れる電流の方向および大きさが一定の周期で変化する電流を交流電流という．交流電流にも，その波形が三角波，方形波などのいろいろな波形がある．普通，われわれが利用している交流は，**図4-1**に示すように正弦波状に変化する．これを正弦波交流と呼んでいる．

電圧についても同様で，その大きさおよび方向が一定の周期で正弦波状に変化する電圧を正弦波電圧と呼んでいる．

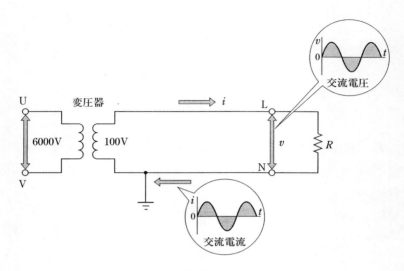

図4-1　正弦波交流

② 正弦波交流の表し方

　図4-2に示すように，電流が正弦波状に変化している場合，aよりeまでの一波形を完了する変化を**サイクル**という．一波形を完了するのに要する時間を**周期**と呼ぶ.

　また，1秒間のサイクル数を交流の**周波数**といい，単位に**ヘルツ**〔単位記号Hz〕を用いる.

　いま，周波数をf〔Hz〕，周期をT〔s〕とすれば，

$$f = \frac{1}{T} \tag{4-1}$$

の関係がある.

　日本では，交流の周波数は，**図4-3**に示すように，関東，東北，北海道地方では50 Hz，関西，中国，四国，九州地方では60 Hzとなっている.

　正弦波交流を表すのに，周波数がf〔Hz〕で，最大値がI_m〔A〕の正弦波交流の瞬時値iは，次式で表される.

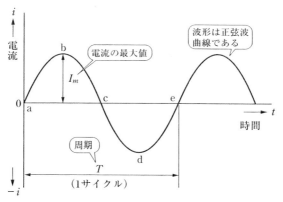

図 4-2　正弦波交流電流の表し方

$$i = I_m \sin 2\pi ft = I_m \sin \omega t \ \text{〔A〕} \tag{4-2}$$

　ここで，ω は角速度または角周波数と呼ばれ，$\omega = 2\pi f$ の関係がある．2π とは 1 周期に相当する角度〔rad〕を表し，$2\pi f$ は 1 秒間に f 回波形が繰り返されることを示している．

　交流は大きさがたえず変化するために，実際に交流を取り扱う場合には，交流電圧または交流電流のする仕事の大きさから定めた**実効値**を用いる．実効値は，交流の各瞬時値（i または v）の 2 乗の平均の平方根（$\sqrt{(i^2 \text{の平均})}$）または（$\sqrt{(e^2 \text{の平均})}$）として求められる．

　一般に交流電圧，交流電流を取り扱う際，何〔A〕，何〔V〕と呼んでいるのは，すべて実効値を指している．

　正弦波交流電流，交流電圧で，最大値がそれぞれ I_m〔A〕，E_m〔V〕の場合の実効値 I または E は次式により表される．

$$\left. \begin{array}{l} I = \dfrac{I_m}{\sqrt{2}} \ \text{〔A〕} \\[2mm] E = \dfrac{E_m}{\sqrt{2}} \ \text{〔V〕} \end{array} \right\} \tag{4-3}$$

　したがって，実効値が I〔A〕または E〔V〕の正弦波交流の瞬時値 i または e は次式で表される．

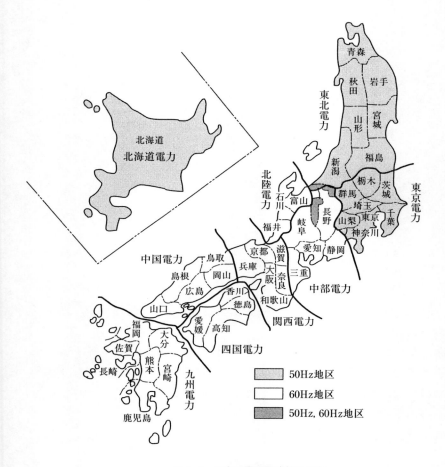

図 4-3　日本の電源周波数の分布

$$i = \sqrt{2}\ I \sin \omega t\ \text{[A]}, \quad e = \sqrt{2}\ E \sin \omega t\ \text{[V]} \tag{4-4}$$

③　交流ベクトル表示

　力などのように，方向と大きさをもつ物理量を**ベクトル**という．しかし，交流はベクトル量ではないが，正弦波交流はベクトルに置き換えて考えると，その性質がよく表され，また取扱いも便利である．したがって，正弦波交流では，

ベクトル表示法がよく使用されている.

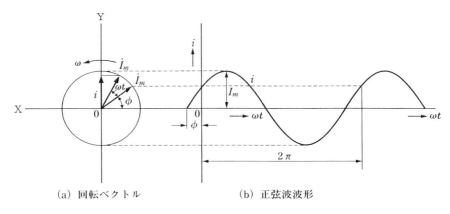

(a) 回転ベクトル　　　　　　(b) 正弦波波形

図 4-4　交流のベクトル表示

　図 4-4 (a) に示すように，電流の絶対値が I_m で偏角が ϕ のベクトル $\dot{I}_m$ を，矢印で示す反時計方向に一定の角速度 ω 〔rad / s〕で回転している場合，Y 軸上の投影 i は，次式により表される.

$$i = I_m \sin \left(\omega t + \phi \right) \tag{4-5}$$

　したがって，i は最大値が I_m 〔A〕で，位相角が $+ \phi$ の正弦波交流電流と同じ変化をする.

　横軸に ωt をとって i の変化を描くと，図 4-4 (b) に示すような波形となる.このように，最大値が I_m 〔A〕で，位相角が $+ \phi$ の正弦波交流は，絶対値が I_m で，偏角が $+ \phi$ の回転ベクトルに置き換えて表すことができる.

4·2　基本回路

　交流には色々な波形があるが基礎となるのは正弦波である．交流回路は抵抗，インダクタンスおよびコンデンサからなり，交流回路の計算は振幅のほかに周波数や位相について考慮する必要がある．したがって，交流回路の計算は直流回路よりもかなり複雑となる.

① *R, L, C* 回路とその法則

（1） 抵抗 *R* だけの回路

交流回路の構成要素として，抵抗 *R*，インダクタンス *L*，静電容量 *C* がある．交流回路は，これらの要素がいろいろな形に組み合わされて作られている．まず，抵抗 *R* のみの交流回路について考えてみる．

図 **4-5** に示すように，抵抗 *R* 〔Ω〕のみの回路に交流電圧 $e = E_m \sin \omega t$ 〔V〕の電圧を加えた場合，回路にはオームの法則に従って電流 *i* が流れる．電流 *i* は，次式により表される．

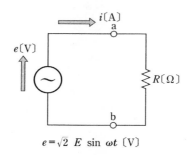

$$e = \sqrt{2}\ E\ \sin\ \omega t\ \text{〔V〕}$$

図 4-5 抵抗 *R* のみの回路

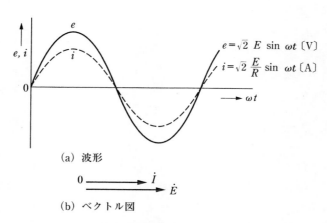

$$e = \sqrt{2}\ E\ \sin\ \omega t\ \text{〔V〕}$$
$$i = \sqrt{2}\ \frac{E}{R}\ \sin\ \omega t\ \text{〔A〕}$$

（a）波形

（b）ベクトル図

図 4-6 抵抗だけの回路の波形とベクトル図

$$i = \frac{e}{R} = \frac{E_m \sin \omega t}{R} = \sqrt{2}\,\frac{E}{R}\sin \omega t$$

$$= \sqrt{2}\,I \sin \omega t \;\text{〔A〕} \tag{4-6}$$

電流 i は電圧 e と同相である．この関係は，**図 4-6** に示すように，波形およびベクトル図で表すことができる．

このように，抵抗のみの回路では，交流の場合も，直流の場合と同じように簡単に計算して求めることができる．抵抗のみの回路とは，白熱電球や電熱器が負荷の場合である．

(2) インダクタンス L のみの回路

図 4-7 に示すようなインダクタンス L 〔H〕のみの回路に交流電圧 $e = \sqrt{2}E\sin \omega t$ を加えると，回路に交流電流 i が流れ，インダクタンス L には，

$$e = -L\frac{di}{dt} \tag{4-7}$$

の起電力が発生する．

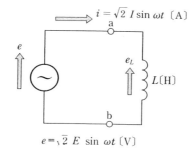

$$e = \sqrt{2}\,E\,\sin\,\omega t\;\text{〔V〕}$$

図 4-7 インダクタンス L のみの回路

交流電圧 e と起電力 e_L とは，大きさが等しく位相が逆であり，$e = L\,di/dt$ となる．回路に流れる電流 i は，

$$i = \frac{E_m}{\omega L}\sin\left(\omega t - \frac{\pi}{2}\right) = I_m \sin\left(\omega t - \frac{\pi}{2}\right)\text{〔A〕} \tag{4-8}$$

となる.

これは，インダクタンス L を流れる電流は最大値が $\sqrt{2}\, E/\omega L$ で，位相は
図4-8に示すように電圧に対して 90° 遅れる.

電圧，電流の関係を実効値で表せば，

$$I = \frac{E}{\omega L} = \frac{E}{2\pi f L} \quad \text{〔A〕} \tag{4-9}$$

となる.

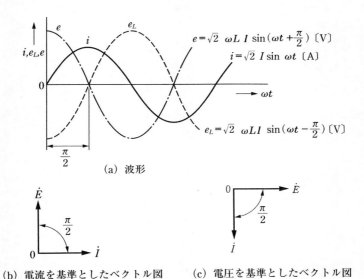

(a) 波形

(b) 電流を基準としたベクトル図　　(c) 電圧を基準としたベクトル図

図4-8　インダクタンス L のみの回路の波形とベクトル図

上式の $\omega L = X_L$ は，回路に電流が流れるのを妨げる働きを表すもので，こ
れを**誘導リアクタンス** X_L と呼び，単位には**オーム**〔単位記号 Ω 〕を用いる.

(3)　静電容量 C のみの回路

図4-9に示すような静電容量 C 〔F〕のみの回路に交流電圧 $e = \sqrt{2}\, E \sin \omega t$
を加えると，電圧 e の変化に従ってコンデンサに蓄えられる電荷の値も絶えず
変化する.

このように，静電容量と電源の間に電荷の移動が行われるために，回路に電

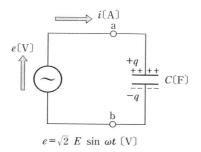

図 4-9 静電容量 C のみの回路

流 i が流れる. この電流 i は次式で表される.

$$i = \frac{E_m}{\dfrac{1}{\omega C}} \sin\left(\omega t + \frac{\pi}{2}\right) = \omega C E_m \sin\left(\frac{\pi}{2}\right)$$

$$= \sqrt{2}\, I \sin\left(\omega t + \frac{\pi}{2}\right) \text{ (A)} \tag{4-10}$$

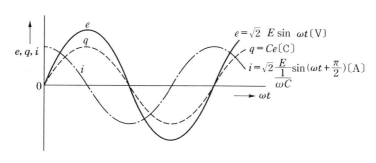

(a) 波形

(b) 電流を基準としたベクトル図　　(c) 電圧を基準としたベクトル図

図 4-10 静電容量 C のみの回路の波形とベクトル図

　この式からコンデンサ C を流れる電流 i は電圧 e より $90°$ 進んでいること
がわかる．これらの関係をベクトルおよび波形で示すと，**図4-10** に示すよう
になる．

　電圧，電流の関係を実効値で表せば，

$$I = \frac{E}{\dfrac{1}{\omega C}} = \omega C\,E \;〔A〕 \tag{4-11}$$

となる．

　この $1/\omega C = X_C$ は，回路に電流が流れるのを妨げる働きを表すものである．
これを**容量リアクタンス X_C** と呼び，単位には**オーム**〔単位記号 Ω〕を用いて
いる．

(4)　*RLC* の回路

　図4-11 に示すように，R，L，C が直列に接続された回路について考えて

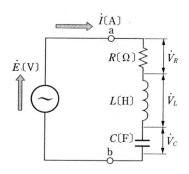

図4-11　*RLC* の直列回路

みる．図に示した R，L，C の直列回路の電圧と電流の関係を表すベクトル図
は，**図4-12** に示すようになる．

　このベクトル図より電圧と電流の大きさの関係と位相 ϕ は，次式に示すよう
になる．

$$E = \sqrt{V_R{}^2 + (V_L + V_C)^2} = I\sqrt{R^2 + \left(\omega L - \frac{1}{\omega C}\right)^2} \tag{4-12}$$

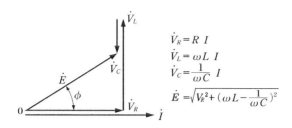

$$\dot{V}_R = R\,I$$
$$\dot{V}_L = \omega L\,I$$
$$\dot{V}_C = \frac{1}{\omega C}\,I$$
$$\dot{E} = \sqrt{V_R^2 + \left(\omega L - \frac{1}{\omega C}\right)^2}$$

図 4-12　*RLC* 直列回路のベクトル図

$$I = \frac{E}{\sqrt{R^2 + \left(\omega L - \dfrac{1}{\omega C}\right)^2}} = \frac{E}{Z}\ \ 〔\text{A}〕 \tag{4-13}$$

$$\phi = \tan^{-1}\left(\frac{\omega L - \dfrac{1}{\omega C}}{R}\right) \tag{4-14}$$

図 4-12 からもわかるように回路に流れる電流は，$\omega L > 1/\omega C$ のときは電圧より遅れ，$\omega L < 1/\omega C$ のときは電圧より進む.

② 交流電力

直流回路の電力は，回路に加わる電圧と回路に流れている電流の積で求められる.

交流回路では，電圧および電流の値は時刻とともに変化する. したがって，電力の値も時刻により変化している. いま，電圧の瞬時値 e と電流の瞬時値 i を次のように，

$$e = E_m \sin \omega t$$
$$i = I_m \sin (\omega t - \phi)$$

とすれば，瞬時の電力 p の値は，e と i の積で次式により表される.

$$p = ei$$
$$= (E_m \sin \omega t) \times (I_m \sin (\omega t - \phi)) \tag{4-15}$$

このように，電力の瞬時値 p は，**図 4-13** に示すように，1 周期ごとに同じ

変化を繰り返している．したがって，交流回路での電力 P は，p の1周期間の平均値として求め，次式で表している．

$$P = (p \text{の平均}) = EI \cos \phi \tag{4-16}$$

単位には**ワット**〔単位記号 W〕が用いられている．

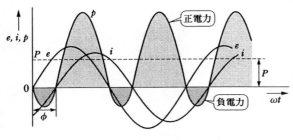

図 4-13　交流の電力

③　交流電力の計算

式（4-16）で示した電力 P は，負荷で有効に使用される電力のため，**有効電力**とも呼ばれている．また，負荷に加わる電圧 E〔V〕と負荷電流 I〔A〕の積 EI は，見かけ上の電力である．これを**皮相電力**と呼び，単位には**ボルトアンペア**〔単位記号 VA〕が用いられている．

負荷に加わる皮相電力のうち，どれだけの電力が有効電力として使われたか，この割合を表すものを**力率**と呼んでいる．

力率は次式により表される．

$$力率 = \frac{有効電力}{皮相電力} \tag{4-17}$$

$$= \frac{P}{EI} = \frac{EI \cos \phi}{EI} = \cos \phi$$

力率は百分率〔％〕で表されていることが多い．

このほか，無効電力として $EI \sin \phi$ があり，無効電力の単位として**バール**〔単位記号 var〕が使用されている．

4・3 三相交流

三相交流は，工場などで電動機や多量の電力を使用する場所に3本の電線を使用して送電している．また，発電所で発生する電力は三相交流である．発電所で発生した電力を3本の送電線を使用して需要場所に送電している．

三相交流はいろいろな優れた特徴を持っており，発電所で発電される電気は，ほとんどが三相交流である．

単相交流は，三相交流の3線のうち任意の2線から電力を取り出すことにより得られる．

1 三相交流

三相交流は，位相の異なる3つの交流電圧または電流を組み合わせたものである．三相交流の電圧波形は，**図4-14**に示すように各相間の位相差がいずれも$2\pi/3$〔rad〕（120°）ずつ異なったものである．

このような三相交流を発生させるには，**図4-15**に示すように，互いに120°

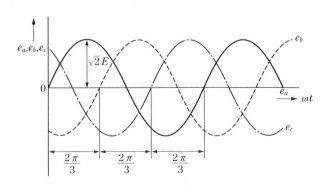

図4-14 三相交流電圧波形

ずつの角度をもった巻線a，b，cを磁界中で回転させる．巻線a，b，cを磁界中で回転させると，図4-14で示したように互いに120°ずつの位相差をもつ，大きさおよび周波数の等しい起電力e_a，e_b，e_cが発生する．

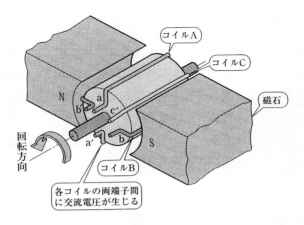

図 4-15　三相交流電圧の発生

$$
\left.
\begin{aligned}
e_a &= E_m \sin \omega t \\
e_b &= E_m \sin \left(\omega t - \frac{2\pi}{3} \right) \\
e_c &= E_m \sin \left(\omega t - \frac{4\pi}{3} \right)
\end{aligned}
\right\}
\tag{4-18}
$$

　これらの電圧を組み合わせたものを三相起電力という．三相起電力のベクト
ル図は，**図 4-16** に示すようになる．巻線 a, b, c には，それぞれ単相交流が

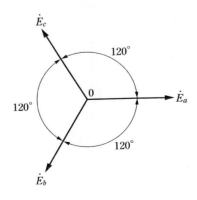

図 4-16　三相交流電圧のベクトル図

発生している．したがって，それぞれの巻線からは任意の単相交流を取り出すことができる．

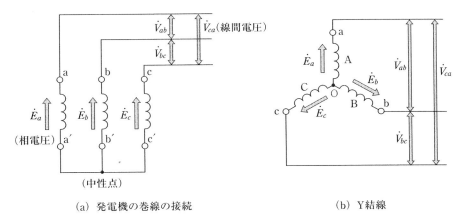

(a)　発電機の巻線の接続　　　　　　　　　　(b)　Y結線

図4-17　三相回路のY結線

② 三相交流回路の結線法

　三相交流回路は図4-14に示したように，120°の位相差をもった電圧（電流）である．三相交流を使用する場合には，それぞれの3つの相の交流を組み合わせて1つの電源として使用する．

　三相交流を組み合わせる接続法を**三相結線**という．この結線法には**Y結線（スター結線，星形結線）**と**△結線（デルタ結線，三角結線）**と呼ばれる方法がある．また，三相のうち2つの相の電圧だけで三相交流を得る**V結線（ブイ結線）**も用いられることもある．

(1)　Y 結 線
　発電機内の巻線の結線がY結線の場合は，**図4-17**に示すように，各コイルの一端を一点で接続し，他端からの3本の導線で出力を取り出している．ここで，共通の接続点oは**中性点**と呼ばれている．

　Y結線において，各コイルに発生する電圧 E_a, E_b, E_c を**相電圧**と呼び，端子 ab, bc, ca 間の電圧 V_{ab}, V_{bc}, V_{ca} を**線間電圧**とよぶ．Y結線における相電

圧と線間電圧の関係は, **図4-18** に示すベクトル図から,

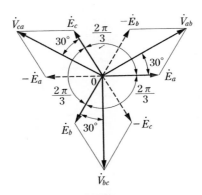

図4-18 Y結線の電圧ベクトル図

$$\dot{V}_{ab} = \dot{V}_a - \dot{V}_b \tag{4-19}$$

となり, 線間電圧 $\dot{V}_{ab}$ と相電圧 $\dot{E}_a$ との関係は,

$$\dot{V}_{ab} = \sqrt{3}\,\dot{E}_a \ \text{[V]} \tag{4-20}$$

となる. すなわち, Y結線における線間電圧 $\dot{V}_{ab}$ は相電圧 $\dot{E}_a$ の $\sqrt{3}$ 倍となる.

(2) △ 結 線

　発電機の結線が△結線の場合は, **図4-19** に示すように, 各コイルを環状に接続し, その各接続点から3本の導線を用いて出力を取り出す. △結線において各コイルに発生する電圧 E_a, E_b, E_c を**相電圧**とよぶ. また, △結線では相電圧と線間電圧は同じ値となる.

$$\dot{E}_a = \dot{V}_{ab} \tag{4-21}$$

③ 三相負荷と電流

　三相交流電源に三相負荷を接続すると負荷に電流が流れる. 三相負荷にも三相電源と同じように, 負荷のインピーダンスがY結線または△結線となって

いる．そこで，**図4-20** に示すように，電源の結線法と負荷の結線法とが等しいY-Y回路および△-△回路について考えてみる．

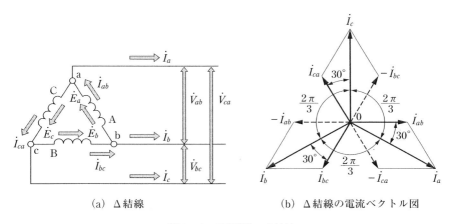

(a) Δ結線　　　　　　　　　　　　　(b) Δ結線の電流ベクトル図

図4-19　三相回路の△結線

　Y-Y回路または△-△回路では，負荷の各相に流れる相電流の値は，一相の負荷インピーダンスと，これに対応する相電圧とで構成される．したがって，単相回路の電流を求めるのと同じ計算により求めることができる．

　図4-20（a）に示すY-Y回路を例にとり計算すると，線電流 $\dot{I}_a$ の大きさ I_a は次式で表される．

$$I_a = \frac{E_a}{Z} \,[\mathrm{A}] \tag{4-22}$$

　ただし，E_a は $\dot{E}_a$ の大きさ，Z は負荷インピーダンスの大きさである．

　また，図4-20（b）に示す△-△回路では，負荷の各相のインピーダンス $\dot{Z}$ には，それぞれ対応する電源側の各相の電圧 $\dot{E}_a$, $\dot{E}_b$, $\dot{E}_c$ に対応した電圧が加わっている．したがって，負荷の各相の電流 $\dot{I}_a$, $\dot{I}_b$, $\dot{I}_c$ は，次式により求められる．

$$\dot{I}_{ab} = \frac{\dot{E}_a}{Z}, \quad \dot{I}_{bc} = \frac{\dot{E}_b}{Z}, \quad \dot{I}_{ca} = \frac{\dot{E}_c}{Z} \tag{4-23}$$

　この場合，電源の各相には，負荷の各相に流れる電流と同じ値の電流が流れる．

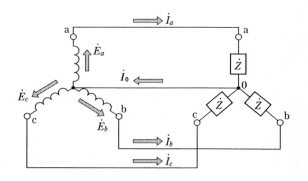

(a) Y - Y回路

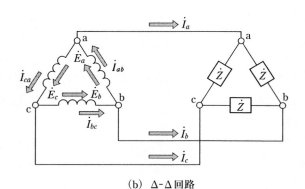

(b) Δ - Δ回路

図 4 - 20   三 相 回 路

　次に，この場合の線電流 $\dot{I}_a$, $\dot{I}_b$, $\dot{I}_c$ は，△結線の相電流と線電流の関係から，

$$\dot{I}_a = \sqrt{3}\ \dot{I}_{ab} \tag{4-24}$$

となる.

4　三相電力

　一般に三相回路全体の電力を**三相電力**と呼んでいる．したがって，平衡三相回路の三相電力 P は，三相回路の各相の電力を P_a〔W〕, P_b〔W〕, P_c〔W〕とすれば，

$$P = P_a + P_b + P_c \,〔\text{W}〕 \tag{4-25}$$

となる.

　一相の電力を $P_p = E_p I_p \cos\phi \,〔\text{W}〕$ とすれば, 三相電力 P は次式で表される.

$$P = 3\,P_p = 3\,E_p I_p \cos\phi \,〔\text{W}〕 \tag{4-26}$$

　電源が Y 結線である場合は相電圧の大きさ E_p と線間電圧の大きさ V_1 間には
$$E_p = V_1/\sqrt{3}$$
の関係があり, 相電流の大きさ I_p と電流 I_1 は等しい. この関係を式 (4-26) に代入して求めると, 三相電力 P を V_1, I_1 で表せば次式のようになる.

$$P = 3\,V_1 \frac{I_1}{\sqrt{3}}\,\cos\phi = \sqrt{3}\,V_1 I_1 \cos\phi \,〔\text{W}〕 \tag{4-27}$$

　また, 三相電源が △ 結線の場合には, $E_p = V_1$, $I_P = I_1/\sqrt{3}$ となり, これを式 (4-26) に代入すると三相電力は, 式 (4-27) と同じで,

$$P = 3V_1 \frac{I_1}{\sqrt{3}}\cos\phi = \sqrt{3}\,V_1 I_1 \cos\phi \,〔\text{W}〕$$

となる.

⑤　回転磁界

　磁石を一定の回転速度で回転させたときにできるような回転する磁界を**回転磁界**と呼んでいる.

　また, **図4-21** に示すように 3 つのコイル A, B, C をコイルの軸が互いに 120° ずつ異なる方向にむけて配置し, このコイルに三相交流電流 i_a, i_b, i_c の順に 120° ずつ位相の遅れた電流を流すと, 各コイルに生ずる磁界 H_a, H_b, H_c の合成磁界は, 大きさが一定で方向が 1 周期の間に回転する.

　このような磁界を三相交流による回転磁界と呼び, 交流電動機などに広く利用されている. このときの回転磁界の回転速度を**同期速度**と呼び, 三相交流の周波数を f 〔Hz〕 とすれば, 同期速度 N_s は次式で表される.

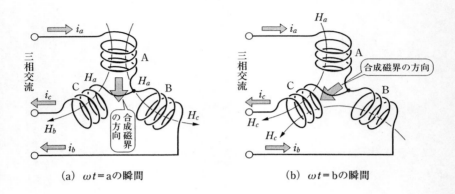

(a) $\omega t = a$ の瞬間　　　　　　　　(b) $\omega t = b$ の瞬間

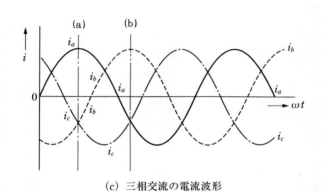

(c) 三相交流の電流波形

図 4-21　三相交流による回転磁界

$$N_s = 60\,f \ \text{[rpm]} \tag{4-28}$$

また，電動機などの場合，電動機の極数を P とすれば，電動機の同期回転
速度 N_s は，

$$N_s = \frac{120\,f}{P} \ \text{[rpm]} \tag{4-29}$$

で表される．

第 4 章 練 習 問 題

1.　50 Hz の交流の周期は何〔ms〕か.

2.　実効値が 100 V の正弦波交流電圧の最大値は何〔V〕か.

3.　最大値が 20 A の正弦波交流電流の実効値は何〔A〕か.

4.　インダクタンス $L=0.2\,H$ のコイルにおいて, 50 Hz および 60 Hz の交流に対する誘導リアクタンス X_{50}, X_{60} は, それぞれ何〔Ω〕か.

5.　静電容量が $10\,\mu F$ のコンデンサに 100 Hz, 100 V の電圧を加えたとき, コンデンサに流れる電流 I の値は何〔A〕か.

6.　RLC 直列回路で, 抵抗 60 Ω, 誘導リアクタンス $\omega L = 500\,\Omega$, 容量リアクタンス $1/\omega C = 420\,\Omega$, 電源電圧 $E=100\,V$ のとき, 回路に流れる電流 I の値は何〔A〕か. また, 位相は電圧より進んでいるか遅れているか.

7.　力率が 0.6 の負荷に 100 V の正弦波交流電圧を加えたら, 20 A が流れた. 負荷に消費される電力 P の値は何〔kW〕か.

8.　ある負荷に 100 V の正弦波電圧を加えたら 10 A の電流が流れ, 負荷は 600 W の電力を消費した. この回路の皮相電力の値は何〔VA〕か. また負荷の力率の値はいくらか.

9.　相電圧が 115.4 V の三相 Y 結線の線間電圧の値は何〔V〕か.

10.　△結線で線電流が 20 A の場合, 相電流の値は何〔A〕か.

11. 　線間電圧が 200 V で，線電流 10A，負荷の力率が 60％の三相回路の電力
　　　P の値は何〔kW〕か．

12. 　磁極が 2 個の三相コイルに，60 Hz の交流電流を流した場合に生じる回
　　　転磁界の同期速度は何〔rpm〕か．

第5章 電気計測

電気量は，視覚によって直接測定することはできない．したがって，これら電気量の測定には，指示電気計器や測定装置を使用する．指示電気計器は，従来は測定値を指針と目盛とにより読み取っていたが，最近では測定値を数字で表示させるディジタル計器も多く使用されるようになってきた．この章では，電気量の測定に使用する指示電気計器および電気量の測定法について述べる．

5・1 電気測定器

電気量の測定に用いられている指示電気計器には多くの種類のものがある．指示電気計器は測定しようとする電気量によって異なり，測定に適した計測器を選んで使用している．例えば，電圧の測定には電圧計，電流の測定には電流計，電力の測定には電力計が使用され，このように測定しようとする電気量により各種の指示電気計器が作られている．

1 指示電気計器の分類

電圧や電流の測定には，電圧計や電流計などの指示電気計器が使用される．これら指示電気計器にもいろいろな形の計器があり，測定量の大きさや種類によって異なった形の計器が使用される．

指示電気計器は，**表5-1** に示すように JIS（日本工業規格）では，その動作原理により分類され，その一般記号が定められている．階級指数は，1, 2, 5 またはそれらの 10 の整数乗倍としている．また階級指数 0.3, 1.5, 2.5 および 3 を計器に，0.15 を周波数計に，0.3 を付属品に用いている．このほか，**表5-2** および **表5-3** に示すように，直流と交流との別，計器を使用するに際しての

表 5-1 指示電気計器の動作原理による分類とその記号 (JIS C 1102-1997 より抜粋)

番号	項 目	記号	番号	項 目	記号
F-1	永久磁石可動コイル形計器		F-11	鉄心入電流力計形比率計（商計）	
F-2	永久磁石形比率計（商計）		F-12	誘導形計器	
F-3	可動永久磁石形計器		F-13	誘導形比率計（商計）	
F-4	可動永久磁石形比率計（商計）		F-16	静電形計器	
F-5	可動鉄片形計器		F-17	振動片形計器	
F-6	有極可動鉄片形計器		F-18	非絶縁熱電対（熱変換器）	
F-7	可動鉄片形比率計（商計）		F-19	絶縁熱電対（熱変換器）	
F-8	空心電流力計形計器		F-20	測定回路における電子デバイス	
F-9	鉄心入電流力計形計器		F-21	補助回路における電子デバイス	
F-10	空心電流力計形比率計（商計）		F-22	整流器	

表 5-2 指示電気計器の直流と交流の記号 (JIS C 1102-1997 より抜粋)

番号	項 目	記 号	
B-1	直流回路及び／又は直流応答の測定素子	≡≡≡ (5031)*	
B-2	交流回路及び／又は交流応答の測定素子	∼ (5032)*	
B-3	直流及び／又は交流回路及び／又は直流及び交流応答の測定素子	≈ (5033)*	
B-4	三相交流回路（一般記号）	≈≈	この欄の記号はIEC 51の前版に記載されていたものであり，参考までに記載する．
B-6	3線式回路用単測定素子（E）	≈	
B-7	4線式回路用単測定素子（E）	≈	
B-8	不平衡負荷3線式回路用2測定素子（E）	≋	
B-9	不平衡負荷4線式回路用2測定素子（E）	≋	
B-10	不平衡負荷4線式回路用3測定素子（E）	≋	

*印の数字は，IEC 417の引用番号である．

計器の姿勢などについても，その記号が定められている．これらの記号は目につきやすい目盛板などに書かれている．

表5-3 指示電気計器の使用時の姿勢（JIS C 1102-1997 より抜粋）

番号	項目	記号	番号	項目	記号
D-1	目盛板を鉛直にして使用する計器	⊥	D-4	D-1で使用される計器の例で，公称使用範囲が80°から100°までのもの	⊥ 80…90…100°
D-2	目盛板を水平にして使用する計器	⌐	D-5	D-2で使用される計器の例で，公称使用範囲が-1°から+1°までのもの	-1…0…+1°
D-3	目盛板を水平面から傾斜した位置（例 60°）で使用する計器	∠60°	D-6	D-3で使用される計器の例で，公称使用範囲が45°から75°までのもの	∠ 45…60…75°

② 指示電気計器の種類と特徴

（1） 可動コイル形計器

可動コイル形計器は，図5-1 に示すように強力な永久磁石と円筒状鉄心により，磁石と鉄心との空隙に放射状の磁束密度 B〔T〕の強い平等磁界を作る．この磁石と鉄心との空隙に可動コイルを置く．

磁石と鉄心との間の空隙に設置されている可動コイルは，金属バンドにより固定されている．

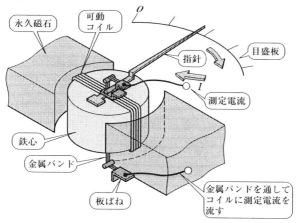

図5-1 可動コイル形計器

　可動コイルに測定しようとする電流 I 〔A〕を流すと，可動コイルには隙間の磁束密度 B と測定電流 I の積に比例した駆動トルク T が生じる．

　駆動トルク T は，次式で表される．

$$T \propto BI \quad \text{または} \quad T = K_1 I \tag{5-1}$$

　ただし，K_1 は隙間の磁束密度とコイルの形状により定まる定数である．

　式（5-1）から，駆動トルク T は電流の大きさに比例することがわかる．一方，可動コイルが回転すると，可動コイルを支持している金属製バンドがねじられ，バンドの弾性により可動コイルは元の位置にもどそうとする制御トルク T_c が可動コイルに働く．

　T_c の大きさは，可動コイルの回転角 θ に比例し，次式で表される．

$$T_c = K_2 \theta \tag{5-2}$$

　可動コイルは，駆動トルク T と制御トルク T_c とがつり合ったところで止まり，

$$K_1 I = K_2 \theta$$

となる．

　したがって，回転角 θ は，

$$\theta = \frac{K_1}{K_2} I = K I \tag{5-3}$$

となる．

　式（5-3）から可動コイルが止まる回転角 θ は，電流の大きさ I に比例する．したがって，可動コイルに取り付けられていた指針の振れの大きさから，電流の大きさを測定することができる．また，計器の目盛は等分目盛となる．

　可動コイルが振れた場合，可動部には重量があり慣性をもっている．したがって，可動コイルが回転した場合，可動コイルはすぐには静止しない．可動コイルを早く静止させるために，コイルの巻わくにアルミニウムなどを使用し，磁界中を回転する巻わくに生じるうず電流により，可動コイルに制動をかけて指針を早く静止させる電磁制動が用いられている．

　可動コイル形計器は，直流回路の測定に使用する計器で電圧計および電流計が作られている．このほかにも，回路計や絶縁抵抗計などにも使用されている．可動コイル形計器の特徴は，磁界を作る永久磁石に強力な磁石を使用すること

5・2 測定器と測定法

電気量の測定には測定器を用いて行う．測定しようとする電気量によって測定器で直接その値を測定することができる．例えば，電圧の測定であれば電圧計を用いて電圧を直接測定することができる．このような測定法を**直接測定法**と呼んでいる．また，抵抗の値は抵抗の両端に加わっている電圧の値と，抵抗に流れている電流の値を測定することにより，オームの法則を用いて測定することができる．このような測定法を**間接測定法**と呼んでいる．

① 電流・電圧の測定

電流および電圧の測定には，電圧計や電流計を使用している．図 5-6 に示

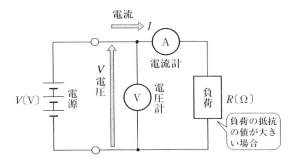

(a) 負荷の抵抗の値が大きい場合

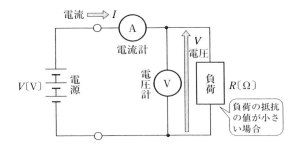

(b) 負荷の抵抗の値が小さい場合

図 5-6 電圧・電流の測定

す電気回路の負荷に流れる負荷電流の値や負荷に加わる電圧の値を測定するには，図5-6に示したように電流計は負荷に直列に接続する．また，電圧計は負荷と並列に接続してそれぞれの値を測定する．

このように電流計は負荷に直列に接続されている．したがって，電流計を接続したための影響をなくすためには，電流計の内部抵抗の値は小さいことが望ましい．理想的には電流計の内部抵抗の値は0である．

また，電圧計は負荷と並列に接続される．したがって，電圧計を接続した影響をなくすためには，電圧計の内部抵抗の値は大きいことが望ましい．理想的には電圧計の内部抵抗の値は∞である．しかし，いずれも指示電気計器の内部抵抗の値は有限な値を持っている．

したがって，測定しようとする回路の負荷の抵抗の値が大きい場合には，図5-6 (a)に示す接続を，また，負荷の抵抗の値が小さい場合には，図5-6 (b)に示す接続により測定を行うと，接続した計器の内部抵抗の値による誤差の値を小さくすることができる．

② 電力と電力量の測定

(1) 電力の測定

電力の値を測定するには，電流力計形電力計が多く使用されている．**図5-7**は電流力計形電力計の動作原理を示したものである．電流力計形電力計の固定コイル F_1, F_2 に負荷電流 I を流し，可動コイル M には負荷に加わる電圧 V を加えると，可動コイル M には負荷に消費される電力の値に相当する駆動トルクが生じて指針を振らせ，電力の値を指示する．

また，三相交流回路で消費される三相電力の測定には，**図5-8**に示すように電力計を2台使用して負荷に消費される電力の測定を行う．いま，それぞれの電力計の指示を W_1 および W_2 とすれば，負荷に消費される三相電力の値は次式により求められる．

$$P = W_1 + W_2 \text{〔W〕} \tag{5-4}$$

この三相電力の測定法を**二電力計法**と呼んでいる．

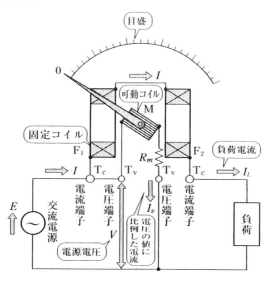

図5-7 電流力計形電力計による電力の測定

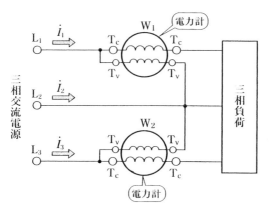

図5-8 三相電力の測定

(2) 電力量の測定

電力量は瞬時電力 p の積算量である。したがって、瞬時電力 p に比例した値を、ある期間中、積算して電力量の測定を行う。電力量を測定する電力量計には図5-9に示すような誘導形電力量計を使用している。

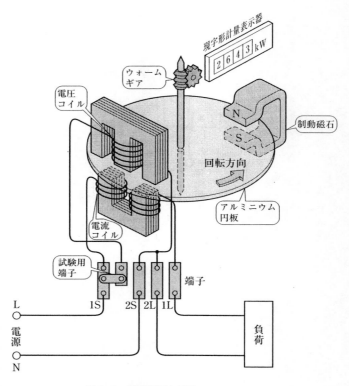

図 5-9　誘導形電力量計

　誘導形電力量計は，アルミニウム円板を電力に比例した速度で回転させ，電力を使用した時間の円板の回転数を積算して電力量を表示させている．誘導形電力量計の表示器に表示された値から電力量を求めることができる．誘導形電力量計は一般家庭に多く使用されている．

③　中位抵抗の測定

　抵抗を測定するにはいろいろな測定方法がある．ここでは，電圧計と電流計を用いて抵抗を測定する電位降下法，回路計（テスタ）を用いる方法およびブリッジによる測定法について述べる．

(1) 電位降下法による抵抗測定

電圧計および電流計を図5-10に示すように接続し，直流電流計で被測定抵抗に流れる電流の値を測定し，直流電圧計で被測定抵抗の両端に加わる電圧を測定する．これらの測定により得られた値とオームの法則から被測定抵抗 R_x の値は，次式により求めることができる．

$$R_x = \frac{V}{I} \ [\Omega] \tag{5-5}$$

電位降下法による抵抗の測定法は簡単であるが，測定に当たって注意することは，可変抵抗器 R_h の値を調整して回路に流れる電流の値を変化させ，それぞれの電流値における抵抗の値 R_x を求め，それらの値を平均して被測定抵抗 R_x の値を求める．この測定法では，測定回路に流す電流の値は偶数とすれば計算を簡単に行うことができる．

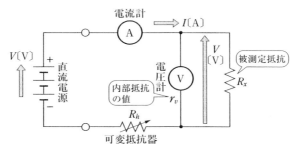

(a) 抵抗 R_x の値が電圧計の内部抵抗 r_v より小さい場合

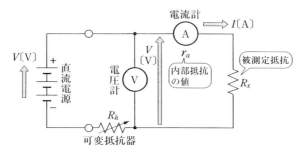

(b) 抵抗 R_x の値が電流計の内部抵抗 r_a より大きい場合

図5-10 電位降下法による抵抗の測定

(2) 回路計による抵抗測定

回路計は**図 5-11** (a) に示すように，1つのケースの中に直流電流計，分流器，倍率器，整流器および抵抗測定用の電源（乾電池）を収め，切換えスイッチにより直流電圧，交流電圧，直流電流および抵抗の値を測定することができる．

(a) アナログ表示式回路計   (b) ディジタル表示式回路計

図 5-11　回路計の外観

回路計で抵抗を測定するには，まず最初に回路計の測定端子間を短絡して，回路計の指示電気計器の指針を振らせ，ゼロオーム調整用のつまみを調整して指針を目盛の 0 の位置にセットする．次に，測定端子間に被測定抵抗 R_x を接続すると，指針が振れて指針と抵抗目盛とにより抵抗の値を読み取ることができる．

また，指針と目盛とから測定値を読み取るアナログ表示式の回路計のほかに，図 5-11 (b) に示すように測定値を表示された数値から読み取ることができるディジタル表示式の回路計も多く使用されている．

回路計で抵抗を測定する回路は，**図 5-12** に示す回路が用いられている．抵抗測定の原理は，被測定抵抗に一定の大きさの電圧を加えたときに流れる電流の値が，抵抗の大きさに反比例することを利用して抵抗測定を行っている．

(3) ホイートストンブリッジによる抵抗測定

抵抗の値を精密に測定するには，ホイートストンブリッジが使用されている．

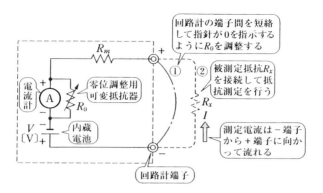

図 5-12　回路計による抵抗測定

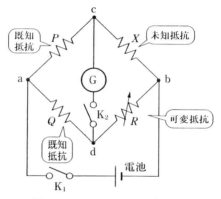

図 5-13　ホイートストンブリッジ

ホイートストンブリッジは，**図 5-13** に示すように 4 つの抵抗 P，Q，R，X と検流計および電池を接続した回路である．

　この 4 個の抵抗の間に $P/Q = X/R$ の関係があると c，d 間の電位差が 0 となり，スイッチ K_1 および K_2 を閉じても検流計 G に電流が流れないことを利用したものである．

　P と Q を既知抵抗，R を可変抵抗，X を未知抵抗として，可変抵抗 R を調整してスイッチ K_1 および K_2 を閉じても検流計 G が振れないように調整すれば，未知抵抗 X は次式により求められる．

$$X = R \frac{P}{Q} \ [\Omega] \tag{5-6}$$

ホイートストンブリッジは，中位抵抗の精密な抵抗値の測定に広く用いられている．

④　絶縁抵抗と絶縁抵抗計

絶縁抵抗の値は導体の抵抗に比べて非常に大きく，抵抗の単位も Ω（オーム）の 10^6 倍の $M\Omega$（メグオーム）が用いられている．電気配線の絶縁抵抗や電気機器の絶縁抵抗の測定には絶縁抵抗計が使用されている．

絶縁抵抗計は**メガ**とも呼ばれ，**図5-14**(a) に示すように，手回しの発電機を内蔵し，この発電機により直流測定電圧を得る発電機式のものと，図5-14(b) に示すような乾電池と半導体素子を用いた発振回路と整流回路とを内蔵し，これにより測定電圧を得ている電池式のものとがある．

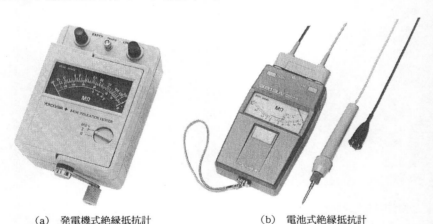

(a)　発電機式絶縁抵抗計　　　　　　(b)　電池式絶縁抵抗計

図5-14　絶縁抵抗計の種類

また，絶縁抵抗の値の測定には，**図5-15**(a) に示すように指針と目盛板とにより測定するアナログ指示方式のものと，図5-15(b) に示すように測定値を数値で表示するディジタル指示方式のものとがある．

絶縁抵抗計には，**表5-4**に示すように定格測定電圧の値が 100 V，250 V，500V，1 000 V および 2 000 V のものが用いられていた．しかし，JIS の改正

（a） アナログ表示方式絶縁抵抗計　　　　（b） ディジタル表示方式絶縁抵抗計

図5-15　絶縁抵抗計の指示方式

表5-4　絶縁抵抗計の種類

定格測定電圧（直流）〔V〕	100		250		500			1 000		2 000	
有効最大目盛値〔MΩ〕	10	20	20	50	50	100	1 000	200	2 000	1 000	5 000

表5-5　絶縁抵抗計の種類

（a）　指針形絶縁抵抗計の種類

定格測定電圧（直流）〔V〕	25		50		100		125		250		500			1 000	
有効最大表示値〔MΩ〕	5	10	5	10	10	20	10	20	20	50	50	100	1 000	200	2 000

（b）　ディジタル形絶縁抵抗計の種類

定格測定電圧（直流）〔V〕	25	50	100	125	250	500	1 000
有効最大表示値〔MΩ〕	1　2　5　10　20　50　100　200　500　1 000　2 000　3 000　4 000						

により定格測定電圧の値が，**表5-5**に示すように25 V，50 V，100 V，125 V，250 V，500 V および1 000 V の7種類の定格測定電圧となった．絶縁抵抗を測定する電気回路や，電気機器により**表5-6**に示すように絶縁抵抗計の定格測定電圧の値が定められている．

　一般の低圧配電線路で使用する電気機器および電気工作物の絶縁抵抗の測定には，定格測定電圧の値が500V の絶縁抵抗計を使用して絶縁抵抗の値を測定している．

表5-6　絶縁抵抗計の主な使用例

定格測定電圧〔V〕	一般電気機器	電気設備・電路
25	安全電圧での絶縁測定	——
50	電話回線用機器の絶縁測定	——
100	制御機器の絶縁抵抗測定	100 V 級以下の低圧電路および機器などの維持管理のための絶縁測定
125	制御機器の絶縁抵抗測定	
250	制御機器の絶縁抵抗測定	200 V 級以下の低圧電路および機器などの維持管理のための絶縁測定
500	300 V 以下の回路，機器の絶縁抵抗測定（一般）	400 V 級以下の低圧電路および機器などの維持管理のための絶縁測定 100 V，200 V，および400 V 級の竣工時の絶縁測定
1 000	300 V を超える回路，機器の絶縁抵抗測定（一般）	常時使用電圧の高いもの（例えば，高圧ケーブル，高電圧電気機器，高電圧を使用する通信機器など）の絶縁測定

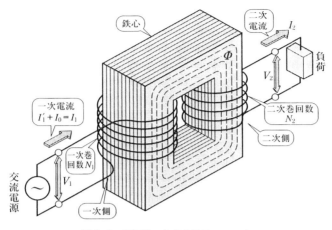

図 6-2　変圧器に負荷を接続した場合

電流との間には，次のような関係が成り立つ．

$$\frac{I_1}{I_2} = \frac{N_2}{N_1} \tag{6-2}$$

となり，電流比は巻線比に反比例する．したがって，電圧は N_1/N_2 の比に，電流は N_2/N_1 の比に変換されて電力が一次側から二次側に伝送される．

②　変圧器の構造と種類

　変圧器は**図 6-3** に示すようにその構造はきわめて簡単である．変圧器の鉄心は一次および二次巻線を施した本体と，鋼板製の外箱および巻線の絶縁と冷却を行う変圧器油などで構成されている．

　一般に配電用変圧器は，一次巻線にタップが設けられている．例えば，配電線に使用されている 6 000 V から，105 V または 210 V に電圧を下げる配電用変圧器を例に取れば，**図 6-4** に示すように一次巻線には 6.9，6.6，6.3，6.0，5.7 kV のタップが設けられており，変圧器の二次側の電圧 105 V または 210 V になるように，配電線の電圧に合致した値の電圧タップに配電線の電圧を供給する．

　配電用の変圧器の二次側の電圧の値は 105 V であるが，配電用変圧器から各家庭までの配電線の電圧降下等により，各家庭に供給される電圧の値は 105

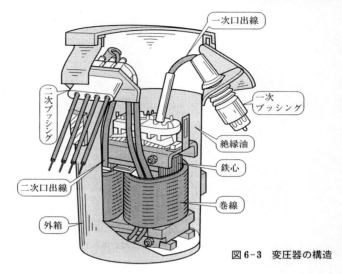

図6-3　変圧器の構造

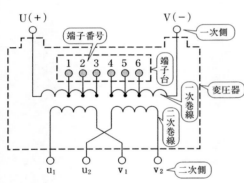

(a) 変圧器の巻線とタップ

一　次　側		二次側
タップ	電　圧	電　圧
3-4	6900V	
4-2	6600V	210V
2-5	6300V	又は
5-1	6000V	105V
1-6	5700V	

(b) タップと電圧

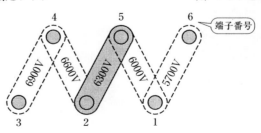

(c) タップ用端子台

図6-4　配電用変圧器の内部接続

V の電圧が供給されている.

　変圧器も高電圧，大容量のものになると，一次，二次巻線の端子のブッシングにより外部に引き出されている．また，絶縁油の劣化を防ぐためにコンサベータを設けて，絶縁油と外気との接触を少なくしている．このほか，変圧器の温度上昇を防ぐために，絶縁油を冷やす冷却装置が取り付けられている.

③　定格と特性

　変圧器には使用電圧，使用周波数などが指定されている．また，変圧器の出力や流すことができる電流の限度が定められており，これらを変圧器の定格と呼んでいる.

　変圧器には，それぞれ定格電圧，定格電流，定格周波数，定格容量が銘板に記入されている．変圧器の定格容量は，定格周波数のとき，定格二次電圧と定格二次電流の積で示され，単位に **VA**〔ボルトアンペア〕が用いられている.

　電気機器の中で変圧器は，回転部分がないために他の電気機器に比べて効率が非常に良い．定格容量において変圧器の効率は，小型の変圧器では約 94 〜 98 ％，大容量の変圧器では約 98 〜 99.5 ％とその効率は大変良い値を示している.

　この効率とは，入力に対する出力の割合をいい，変圧器では次式で表される.

$$\eta = \frac{\text{出力}}{\text{入力}} \times 100 = \frac{\text{出力}}{\text{出力}+\text{鉄損}+\text{銅損}} \times 100 〔\%〕 \tag{6-3}$$

　式（6-3）からもわかるように，変圧器の損失には鉄損と抵抗損（銅損）とがある．鉄損は鉄心内に交番磁界を通すために生じるうず電流損とヒステリシス損とで，この値はほぼ一定である．一方，抵抗損は負荷電流により一次巻線および二次巻線がもつ抵抗による損失で，ほぼ電流の 2 乗に比例する.

④　変圧器の取扱い

　変圧器には極性が定められている．これは，変圧器を並列に接続して使用する場合に，電圧の極性を間違えないようにするためである．**図 6-5** に示すように変圧器の端子に端子記号が示されている.

　一次側の端子記号は大文字で U，V と表されている．二次側はどのような

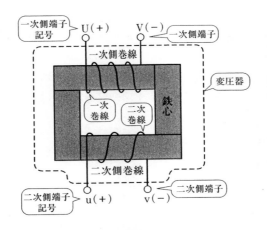

図6-5　変圧器の端子記号と極性

瞬時でも U と同じ極性になる端子を小文字で u と表し，また，V と同じ極性
となる端子を小文字で v と表している．一般には，図6-5で示したように一
次，二次に相対する側の端子が同じ極性となるように定めてある．

　配電用の柱上変圧器は，図6-4で示したように変圧器の巻線を配電電圧に
合わせるため，一次巻線にタップが設けられている．一次電圧に合致したタッ
プを使用することにより，二次側の電圧が210 V または105 V の定格電圧が
得られるようになっている．

　また，配電用の柱上変圧器は，**図6-6**に示すように二次側の結線を変える
ことにより210 V または105 V の単相2線式あるいは210/105 V の単相3線
式の電圧を得ることができる構造となっている．

　1台の変圧器では容量が不足する場合には，2台以上の変圧器を**図6-7**に示
すように，並列接続して使用することができる．この場合，それぞれの変圧器
の定格容量の値が異なっていてもよいが，一次・二次定格電圧，電圧変動率な
どの値が一致していることが必要である．

　電圧変動率とは，**図6-8**に示すように変圧器に負荷を接続し，スイッチ S
を開閉すると変圧器の二次電圧の値が変動する．この二次電圧の変動する割合
を**電圧変動率**と呼んでいる．二次電圧の変動は変圧器の巻線に負荷電流が流れ
ることにより変圧器の巻線に電圧降下が生じるためである．

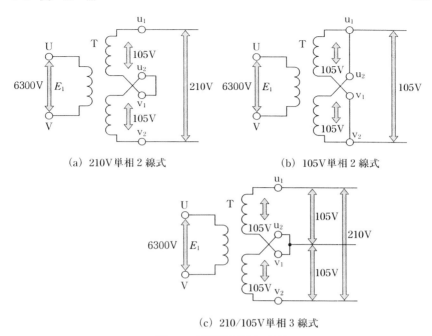

(a) 210V単相2線式　　　　　　　　　　　（b) 105V単相2線式

(c) 210/105V単相3線式

図6-6　配電用変圧器の結線

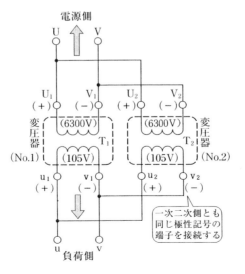

図6-7　配線用変圧器の並列接続

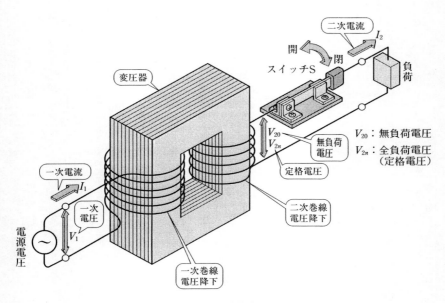

図6-8　変圧器の電圧変動率

$$\xi = \frac{V_{20} - V_{2n}}{V_{2n}} \times 100 \ \mathrm{[\%]} \tag{6-4}$$

ただし，V_{20} は無負荷二次電圧であり，V_{2n} は定格二次電圧（全負荷電圧）である．

配電用変圧器の電圧変動率は，負荷の力率を 100 ％として 1.6 ～ 3.1 ％程度である．変圧器の容量が大きくなるほど電圧変動率の値は小さくなる．

⑤　特殊変圧器

単巻変圧器は，**図6-9** に示すように一次巻線と二次巻線との一部を共用している．単巻変圧器は，電圧比の小さい変圧器に使用されている．特に**図6-10** に示すような電圧調整器は，スライダックとも呼ばれ，つまみを回すことにより連続して二次電圧の値を変化させることができる変圧器である．スライダックは小容量の電圧調整器として広く使用されている．

このほか，電気溶接機用の変圧器としては，**図6-11** に示すような磁気漏れ

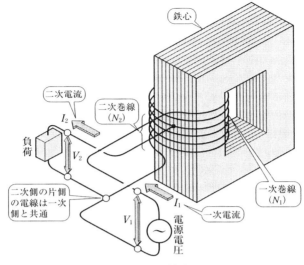

（a） 単巻変圧器の構造

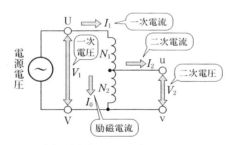

（b） 単巻変圧器の電気回路

図 6-9　単巻変圧器

変圧器が使用されている．磁気漏れ変圧器は磁気回路の一部に磁気分路を設け
て，漏れ磁束を通すようにしたものである．磁気漏れ変圧器は負荷電流の値が
大きくなると漏れ磁束が生じて二次電圧の値が小さくなる．したがって，負荷
電流の値が一定となるように働く．

　磁気漏れ変圧器は，主に交流電気溶接機や水銀放電灯やネオン放電灯などの
変圧器として使用されている．

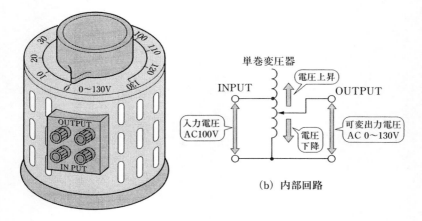

（a）外　観

図6-10　可変電圧調整器（スライダック）

（b）内部回路

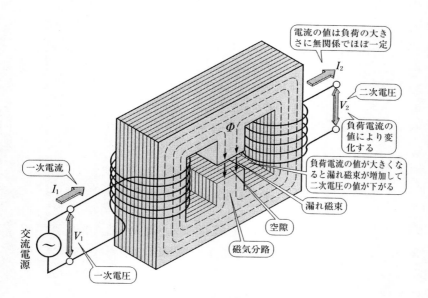

図6-11　磁気漏れ変圧器

6·3 直 流 機

　直流機には励磁電流の取り方と界磁巻線と電機子巻線の接続の方法とによって他励磁，分巻，直巻および複巻電動機・発電機に分類されている．これら各種の直流機にはそれぞれの異なった特性を有し，用途に適した特性の直流機が使用されている．

① 直流機の構造と原理

　直流機の主要部分は，**図 6-12** に示すように継鉄を兼ねた外わくおよび界磁とからなる固定子と，電機子，整流子などからなる回転子によって構成されている．

図 6-12　直流機の内部構成

　界磁は，界磁鉄心と界磁巻線とからなり，直流電流を界磁巻線に流して界磁鉄心を励磁して強い磁極を作る．電機子は，けい素鋼板を打ち抜き，これを重ねて作った積層鉄心と電機子巻線とから構成されている．

　整流子は，硬銅の整流子片を，それぞれマイカで絶縁して組み立てられている．ブラシには，炭素ブラシ，黒鉛ブラシなどが用いられている．これらのブラシをスプリングにより整流子面に一定の圧力で接触するように組み立てられている．

　直流電動機は，**図 6-13** に示すように磁極 N，S を固定子としてその間に回

転子コイルをおき，このコイルを整流子と呼ぶ銅片 S_1, S_2 に取り付け，整流子
にブラシ B_1, B_2 を接触させる.

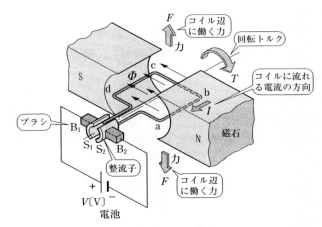

(a) 直流電動機の構成

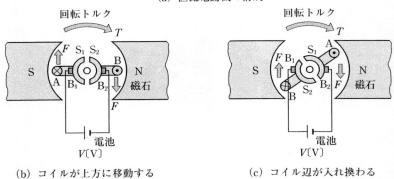

(b) コイルが上方に移動する   (c) コイル辺が入れ換わる

図 6-13   直流電動機の動作原理

　ブラシに直流電源を接続して回転子コイルに電流を流すと，コイルは矢印の
方向に回転する．コイルが回転して図 6-13 (c) に示す位置にくると，整流子
S_1 がブラシ B_2 に，S_2 がブラシ B_1 に接触する．すると，コイルを流れる電流
の方向が反対になる.

　したがって，コイル辺 a，b，c，d に働く電磁力は，図 6-13 (c) の矢印の
示す方向に働き，コイルには引き続いて図 6-13 (b) の場合と同じ方向にトル
クが生じてコイルは回転を続ける.

直流発電機の場合には，電動機の電源として用いた電池をブラシから外し，今度は回転子コイルを外部から回転させると，コイル辺 a，b および c，d は固定子磁極（永久磁石）の磁束を切って，コイルには電磁誘導作用（フレミングの右手の法則）により誘導起電力が生じる．

この起電力は，コイル辺が N 極側および S 極側を通過するたびに交互にその方向が変わる．したがって，コイルに生じる起電力は交流起電力となる．しかし，コイルに取り付けられている整流子およびブラシの働きによって，ブラシ B_1，B_2 間には一定の方向の起電力，すなわち直流起電力が生じ，ブラシ B_1 および B_2 から直流電力を取り出すことができる．

② 直流機の種類

直流機は励磁電源の取り方，界磁巻線と電機子巻線の接続の方法によって，次に示すような種類の直流機に分類されている．

（1） 他励磁電動機

他励磁電動機は，図 6-14 に示すように界磁巻線に流す界磁電流を他の直流電源から加えるもので，これを接続図で示すと図 6-14 (b) のようになる．

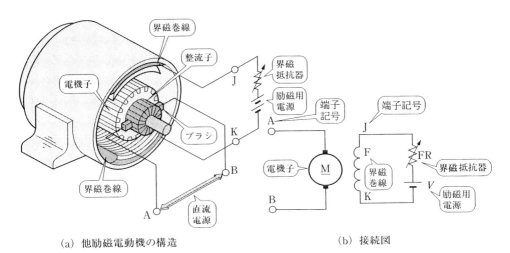

(a) 他励磁電動機の構造　　　　　　　　　(b) 接続図

図 6-14　他励磁電動機

(2)　分巻電動機

　分巻電動機は，**図6-15**に示すように分巻界磁巻線 F と電機子巻線 A とを並列に接続したものである．

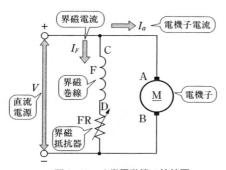

図6-15　分巻電動機の接続図

(3)　直巻電動機

　直巻電動機は，**図6-16**に示すように直巻界磁巻線 Fs と電機子巻線 A を直列に接続したものである．直巻界磁巻線には電機子電流が流れるために，太い電線が使用されている．

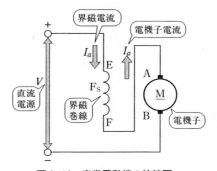

図6-16　直巻電動機の接続図

(4)　複巻電動機

　複巻電動機は，**図6-17**に示すように直巻界磁巻線 Fs と分巻界磁巻線 F を電機子巻線 A に接続したものである．

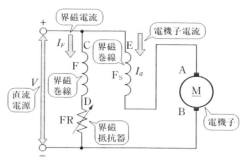

図6-17 複巻電動機の接続図

　直流発電機の種類も，直流電動機と同じで界磁巻線と電機子巻線とを接続する方法により電動機の場合と同じように分類されていて，他励磁発電機，分巻発電機，直巻発電機および複巻発電機の4種類がある．

③ 直流機の特性
　直流電動機の回転速度 N は，電源電圧 V にほぼ比例し，界磁磁束 Φ に反比例する．また，トルク T は，界磁磁束 Φ と電機子電流 I との相乗積に比例する．それぞれの種類の電動機の特性について述べると，次の通りである．

（1） 分巻電動機
　分巻電動機の界磁磁束 Φ は，負荷の大きさに関係なくほぼ一定に保たれる．したがって，速度もほぼ一定でほとんど変化しない．また，トルク T は負荷電流 I に比例する．したがって，分巻電動機の負荷曲線は，**図 6-18** に示すような特性となる．

（2） 直巻電動機
　直巻電動機では，負荷電流が全部励磁電流となる．したがって，界磁磁束 Φ がほぼ負荷電流 I に比例する．このため，回転速度 N はほぼ負荷電流 I に反比例する．また，トルク T は，ほぼ負荷電流 I の2乗に比例して，負荷曲線は**図 6-19** に示すようになる．
　このように直巻電動機は，速度変化が大きく，始動トルクの値も大きい．し

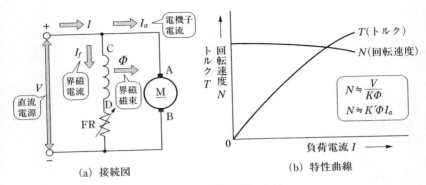

図 6-18　分巻電動機の特性

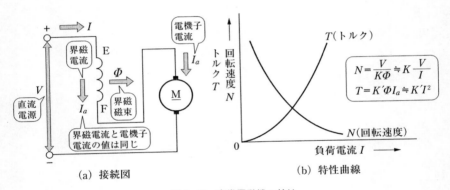

図 6-19　直巻電動機の特性

たがって，直巻電動機は，負荷に対応して速度が増減し，重負荷においても小さい出力で強いトルクを発生させることができる．このため直巻電動機は電車用電動機やクレーン用電動機などに使用されている．

④　速度制御

　直流電動機を始動させるには，**図 6-20** に示すような始動器を使用する．これは直流電動機の電機子巻線の抵抗の値はきわめて小さく，電動機を始動させる際に直接電源電圧を電動機の電機子巻線に加えると，電機子巻線に過大な電流が流れて電機子巻線を焼損させる恐れがある．

　したがって，電動機の始動時に適当な値の始動用抵抗器 R_{ST} を電機子回路に

（a）始動器の外観

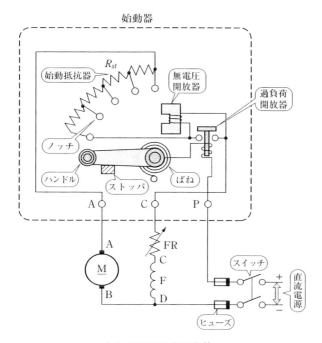

（b）始動器の内部配線

図 6-20　直流電動機の始動器

直列に接続して，始動電流の値を定格電流の2倍程度の値に制限し，電動機の速度が増すに従って，始動用抵抗器R_{ST}の値を順次減少させていく構造となっている．始動用抵抗器には，電源電圧が切れると自動的に始動抵抗が回路に入るようになっている無電圧開放器がついている．

　直流電動機の回転方向を変えるには，電機子電流の流れる方向を変えるか，界磁磁束の極性のいずれかを反対の方向にすればよい．したがって，**図6-21**に示すように電機子の方向を反対にして接続するか，界磁巻線を反対に接続すると直流電動機の回転方向は逆になる．

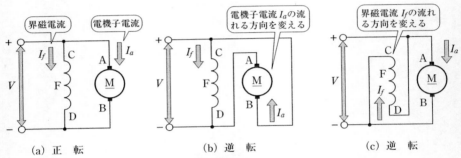

図6-21　直流電動機の回転方向の変更

　直流電動機の回転速度は，電機子に加わる電圧の大きさに比例し，磁極の磁束の大きさに反比例する．したがって，電動機の速度を変えるには界磁磁束の大きさか，電機子電圧のいずれかを調整すればよい．

(1)　界磁制御

　界磁制御は，界磁の強さを変える方法で，**図6-22**に示すように界磁抵抗器FRにより界磁電流の大きさを変えて速度を制御する．この方法は，装置が簡単で取扱いやすいため，他励，分巻および複巻の各電動機の速度制御に広く使用されている．

(2)　抵抗制御

　抵抗制御は**図6-23**に示すように，電機子回路に直列に抵抗器を接続し，この抵抗器による電圧降下を利用する方法である．この方法は取扱いが簡単で，

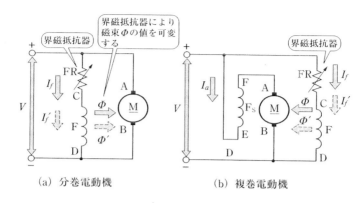

図6-22　直流電動機の界磁制御による速度調整

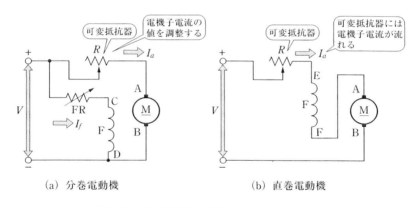

図6-23　直流電動機の抵抗制御による速度調整

停止状態から広い範囲の速度制御を行うことができる．しかし，抵抗器には大きな値の電機子電流が流れるために容量が大きな抵抗器を必要とする．また，抵抗器での電力損失の値も大きな値となり効率が悪くなる．

(3)　電圧制御

電圧制御は，電機子に加わる電圧の値を加減して速度を制御する方法である．一般に，電圧制御法には**図6-24**に示すようなレオナード方式と呼ばれる電圧制御方式が使用されている．

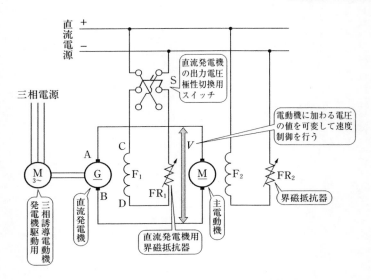

図6-24 直流電動機のレオナード方式による電圧速度制御

　電圧制御方式は，速度制御範囲が広く，電動機の逆回転も簡単に行うことができ，制御の精度が良く，また，効率も良い．しかし，電圧制御方式は設備が複雑で，しかも高価となる．したがって，電圧制御方式は主に製鋼用の圧延機，巻き上げ機，エレベータなどに用いられている．

6・4　交　流　機

　交流機には，同期機，誘導電動機，交流整流子電動機などがある．これらの中で，誘導電動機は構造が簡単で丈夫である．また，取扱いが簡単で，保守が容易であり，価格も安価で動力用電動機として最も多く使用されている．

① 誘導電動機の原理

　図6-25 に示すように永久磁石の磁極間に自由に回転することができる銅の円板を入れ，磁石を矢印の方向に回すと銅板にうず電流が生じる．銅板に生じたうず電流と永久磁石の磁束との作用によって，銅板は永久磁石の回転方向と同じ方向に回転する．

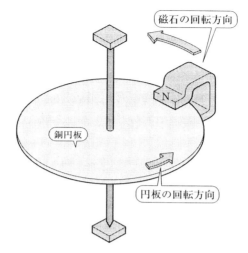

図6-25　誘導電動機の動作原理

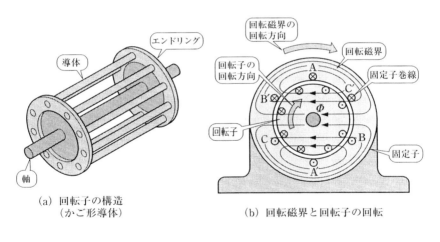

（a）回転子の構造
　　（かご形導体）

（b）回転磁界と回転子の回転

（c）回転子の外観

図6-26　三相誘導電動機の内部構成

　誘導電動機はこの原理を応用したものである．**図6-26**に示すように3個の
コイルを組み合わせて固定子とし，このコイルに三相交流電流を流すと2極の
回転磁界が生じる．この中に回転子としてかご形をした導体を入れると，導体
には電磁誘導作用によって図6-26（b）に示すように誘導電流が流れる．

　かご形をした導体に流れる誘導電流と回転磁界との間に電磁力が働く．この
ため，かご形導体は回転磁界と同じ方向にトルクが生じて回転子は回転を始め
る．

② 誘導電動機の構造と原理

　三相誘導電動機は，回転子の構造によって分類されており，かご形誘導電動
機と巻線形誘導電動機とに分けられている．

（1）　かご形誘導電動機

　図6-27に示すように，かご形誘導電動機は三相巻線を施した固定子と，か
ご形をした導体を用いた回転子，軸受，ブラケットなどにより構成されている．
三相誘導電動機は図6-27に示したようにその構造はきわめて簡単である．

図6-27　三相誘導電動機の外観

（2）　巻線形誘導電動機

　巻線形誘導電動機の固定子の構造は，かご形誘導電動機の場合と全く同じで
ある．回転子は**図6-28**に示すように，絶縁した導体を用いて三相巻線を施し，
スリップリングおよびブラシをもつ構造となっている．

図6-28　巻線形三相誘導電動機の回転子の外観

　回転子巻線は，スリップリングおよびブラシを通して外部の巻線抵抗器に接続されている．外部に接続されている巻線抵抗器の値を調整することにより始動または速度制御を行うことができる．巻線形誘導電動機は中容量以上の電動機に使用されている．

③　誘導電動機の特性

　誘導電動機の固定子に三相交流を加えると，固定子には回転磁界が生じる．この回転磁界の速度を**同期速度**と呼んでいる．いま，固定子極数をP，供給電源の周波数をf〔Hz〕とすれば，同期速度N_0〔rpm〕は，

$$N_0 = \frac{120}{P} f \ \text{〔rpm〕} \tag{6-5}$$

で求められる．

　回転磁界は同期速度で回転するが，もし，回転子がこれと同じ速度で回転すると，回転子は全然磁束を切らない．したがって，回転子には起電力が生じないために誘導電流が流れずトルクも生じない．

　すなわち，誘導電動機の回転子にトルクを発生させて回転子を回転させるためには，回転子の回転速度は同期速度以下でなければならない．したがって，回転子は同期速度より小さな速度で回転する．実際の回転数Nが同期速度より遅れる割合を**すべり**といい，これをsとすれば，

$$s = \frac{N_0 - N}{N} \tag{6-6}$$

である．普通すべりsは〔％〕で表し，全負荷で$2 \sim 5$％程度の値である．

　また，すべりsのときの電動機の回転数Nは，式（6-5）と式（6-6）とにより，

$$N = N_0(1-s) = \frac{120}{P}f(1-s) \qquad\qquad (6\text{-}7)$$

となる.

　三相誘導電動機に負荷を接続し，その負荷を次第に増加していくと，すべり，電流，トルク，効率，力率などが，**図6-29**に示す曲線のように変化する．この負荷特性を表す曲線を**負荷特性曲線**と呼んでいる．この負荷特性曲線からもわかるように誘導電動機は，速度変動が少なくほぼ定速度で回転している．

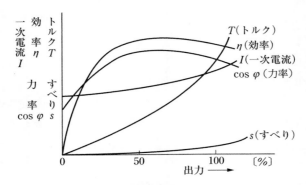

図6-29　三相誘導電動機の負荷特性曲線

　また，力率の値が低いのが誘導電動機の欠点である．力率の値は，定格出力において 75 〜 85 %程度，無負荷においては特に低く 20 〜 30 %程度の値となる．したがって，無負荷電流の値は大きくなる.

　誘導電動機を始動させたいとき，電動機の負荷電流，トルクなどは始動の瞬時から無負荷に至るまでの間，すべり s の変化に従って**図6-30**に示すように変化する．この曲線を誘導電動機の**速度特性曲線**と呼んでいる.

　速度特性曲線からもわかるように，誘導電動機は始動電流の値がきわめて大きく，かご形電動機の場合には定格電流の 5 〜 7 倍に達する．また，始動トルクは定格トルクの約 1 〜 1.5 倍程度の値である.

　誘導電動機は始動電流の値がきわめて大きいために，全電圧を加えて電動機を始動させるといろいろな障害が生じる．これを防ぐために次に示すような始動法が用いられている.

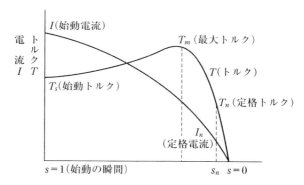

図 6-30 三相誘導電動機の速度特性曲線

(1) 全電圧始動法

三相誘導電動機で，その容量が 3.7 kW 程度以下の三相誘導電動機の始動に用いる方法で，電動機の巻線に直接全電圧を加えて始動させる最も簡単な始動法で，これを直入れ始動とも呼んでいる．

(2) Y-△ 始動法

Y-△ 始動法は，**図 6-31** に示すように Y-△ 切換えスイッチを用いて，電動機の固定子巻線を Y 結線にして電動機を始動させる．電動機の回転子が加速されたら固定子巻線を △ 結線に切り換え，巻線に全電圧を加えて運転に入る方法である．

Y-△ 始動法は，全電圧始動法に比べて始動電流の値を 3 分の 1 程度に制限することができる．Y-△ 始動法による電動機の始動は，15 kW 程度以下の電動機の始動に使用されている．

(3) 始動補償器法

始動補償器とは，**図 6-32** に示すように始動補償器と呼ばれる単巻変圧器によって，始動時に電動機の巻線に印加する電圧の値を定格電圧よりも 60 ～ 40 ％低くして電動機に加え，電動機を始動させる方法である．

始動補償器による始動方法は，電動機の容量が 15 kW 程度より大きな容量の電動機の始動に使用されている．

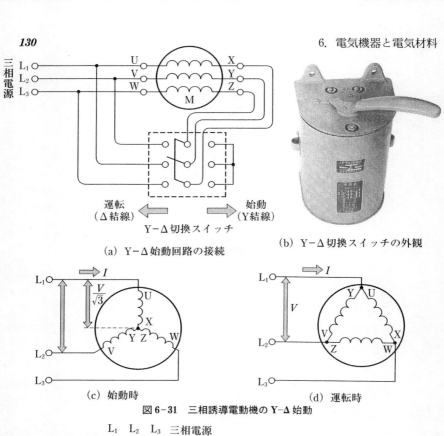

三相電源

運転（Δ結線） ← Y-Δ切換スイッチ → 始動（Y結線）

(a) Y-Δ始動回路の接続

(b) Y-Δ切換スイッチの外観

(c) 始動時

(d) 運転時

図6-31　三相誘導電動機のY-Δ始動

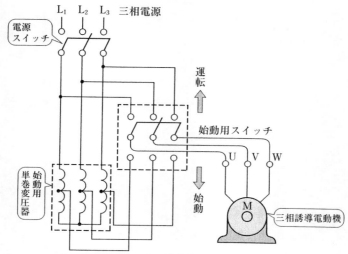

L₁ L₂ L₃ 三相電源

電源スイッチ

運転

始動用スイッチ

始動

始動用単巻変圧器

三相誘導電動機

図6-32　三相誘導電動機の始動補償器による始動

（4） 二次抵抗法

　二次抵抗法は，図 6-33 に示すように巻線形誘導電動機の回転子回路の巻線に抵抗器を接続し，電動機の始動時に抵抗器の抵抗の値を大きくして電動機を始動させる．

　このように回転子回路の巻線に抵抗器を接続して始動させると，電動機の始動電流の値を制限するとともに，大きなトルクを発生させて電動機を始動することができる．

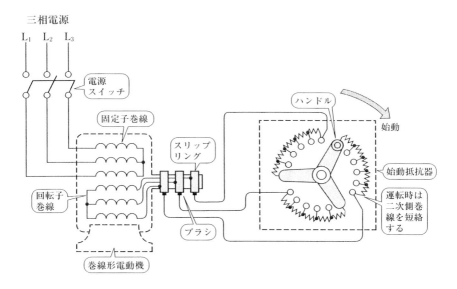

図 6-33　巻線形誘導電動機の二次抵抗による始動

4　誘導電動機の速度制御

　誘導電動機は，本来は定速度電動機である．しかし，次に示すような方法を用いれば回転速度を変えることができる．誘導電動機の回転速度 N は次式により表されている．

$$N = \frac{120}{P} f \,(1-s)\ \text{[rpm]}$$

したがって，電動機の回転速度を変えるには

①　電源の周波数 f を変える方法

②　一次巻線の極数 P を変える方法

がある.

　巻線形電動機では，二次抵抗の値を変えてすべり s を変える方法などがある.

　三相誘導電動機の回転方向は，**図 6-34** に示すように電源の相回転の方向を L_1（R），L_2（S），L_3（T）相の順とすると，三相誘導電動機の端子 U，V，W に，電源側端子の L_1, L_2, L_3 からの配線を，それぞれ L_1-U, L_2-V, L_3-W と接続した場合，電動機の連結軸の反対側からみて時計方向に回転するのを正回転としている.

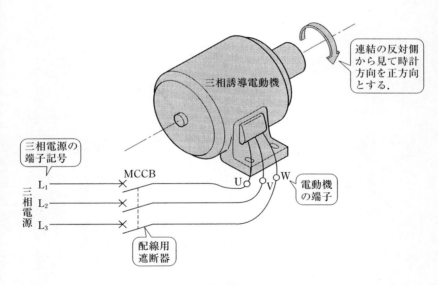

図 6-34　三相誘導電動機の回転方向

　また，電動機の回転方向を変えるには任意の 2 線を入れ換えれば電動機は逆方向に回転する. しかし，三相回路の L_2 相は接地側電線のため配線の入れ換えは，**図 6-35** に示すように L_1（R）相と L_3（T）相とを入れ換えて電動機を逆方向に回転させている.

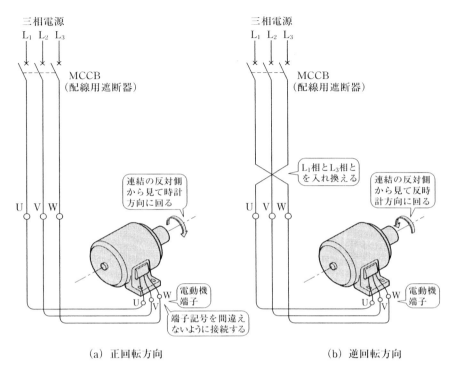

（a）正回転方向　　　　　　　　　　　　　（b）逆回転方向

図6-35　三相誘導電動機の回転方向の変更

⑤　同　期　機

　三相同期電動機は，三相誘導電動機と同じように三相巻線を施した固定子巻線に，三相交流電流を流して回転磁界を生じさせる．回転子は，**図6-36**に示すように回転子として磁極をおく．回転子は同期速度で回転磁界と同じ方向に回転する．

　このとき，磁界と回転子の相対位置が図6-36で示した位置になると，両者間には常に矢印で示した方向にトルクが働き，回転子は同期速度で回転をし続けるようになる．これが同期電動機の原理である．

　同期電動機は，回転子を同期速度まで回転させないとトルクが生じない．したがって，三相誘導電動機のように固定子巻線に電圧を加えただけでは電動機

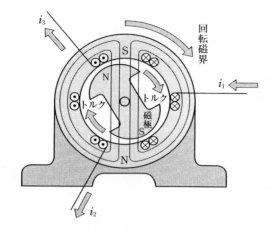

（a）電流と回転磁界の方向

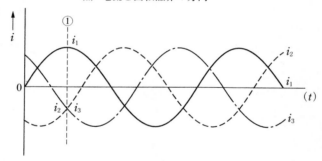

（b）三相交流電流

図6-36　同期電動機の原理

は始動せず，特別な始動法が必要となってくる.

　同期電動機の固定子は，三相誘導電動機と同じ構造である. 回転子は小型機では永久磁石を用いたものもあるが，大型機では磁極と励磁巻線とから構成され，スリップリングとブラシにより外部から励磁巻線に直流電流を供給して磁極を励磁している.

　同期電動機の始動は，固定子に加える電圧を始動補償器によって低電圧とし，回転子のかご形巻線を利用して，はじめは誘導電動機として始動させる. そして，回転子の回転速度が同期速度に近くなってから磁極を励磁して同期電動機として運転する方法が用いられている.

同期電動機の特徴は，常に同期速度 $N_s = 120\,f/P$ で回転し，励磁電流の値を調整することにより，固定子電流の力率を常に 100 ％に保つことができることである．

6 整流子電動機

整流子電動機で単相直巻電動機は，直流直巻電動機とほぼ同じ構造となっている．しかし，巻線の巻数は直流に比べて少なくなっている．また，界磁を円筒形にして磁極は交流を用いているためにけい素鋼板が使用されている．

単相直巻整流子電動機の特性は，直流直巻電動機と同じで，始動トルクが大きく，負荷が軽負荷となると回転数も 6 000 ～ 10 000 rpm 程度の高速度で回転することである．単相直巻整流子電動機は，単相 100 V で使用できるために，電気ドリルや電気掃除機など，小型で高速電動機としての特性を活かして広く使用されている．

6·5 整 流 器

整流器とは交流を直流に変換する装置である．この交流‐直流変換装置には電動発電機や回転変流機のような回転機がある．しかし，一般には静止形で交流を直流に変換する装置を整流器と呼んでいる．

静止形整流器には，主にシリコン整流器やセレン整流器が使用されている．これらの整流素子は，一方向には抵抗が小さくよく電流を流すが，逆方向には抵抗の値が大きくなり電流の流れを阻止する性質がある．

1 整流回路

シリコン整流器を用いた整流回路には，単相半波整流回路，単相全波整流回路，三相半波整流回路，三相全波整流回路など各種の整流回路がある．**図 6-37** に単相回路に使用される整流回路を示す．また，**図 6-38** に三相回路に使用される整流回路を示す．

ここで使用されているシリコン整流器は，セレン整流器やゲルマニウム整流器に比べて，整流素子の逆耐電圧や電流容量の値が大きく，構造がきわめて簡

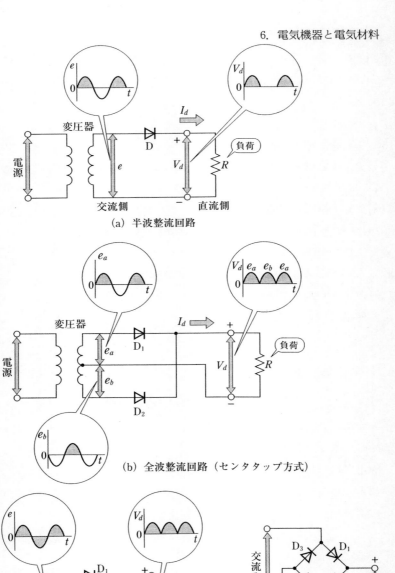

(a) 半波整流回路

(b) 全波整流回路（センタタップ方式）

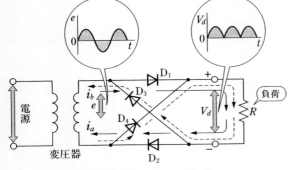

(c) 全波整流回路（ブリッジ方式）

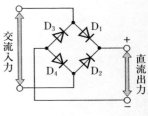

(d) ダイオードブリッジ回路

図 6-37　単相整流回路

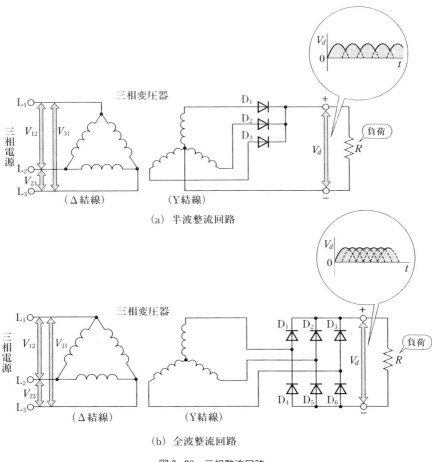

（a）半波整流回路

（b）全波整流回路

図 6-38　三相整流回路

単で小型である．また，取扱いが容易で保守も簡単で，しかも寿命が長いといっ
た多くの特徴を持っている．

　一方，短所としては熱容量が小さいため，冷却に注意しなければならないと
いうことがある．また，過電圧に弱く大きな値のサージ電圧が加わると整流素
子の接合部が破壊されて整流器としての性能を失う．したがって，サージ電圧
やノイズ等による過電圧に対する保護対策が必要である．

② セレン整流器

　セレン整流器は，シリコン整流器に比べて逆耐電圧および電流容量の値が小さい．したがって，セレン整流器は多数の素子を組み合わせて使用しなければならない．このため，整流器の形状は大きくなる．

　セレン整流器は過負荷耐量が大きく，サージ電圧に対しても強いなどといった特徴を持っている．したがって，セレン整流器は古くから使用されており，特に蓄電池の充電用整流器などとして多く用いられていた．

③ サイリスタ整流器

　シリコン整流器は効率が良く，しかも小型で取扱いも便利である．しかし，整流出力の電圧および電流の値を調整することはできない．この点を改善して，シリコン整流器に制御機能を持たせたものがサイリスタ整流器である．サイリスタは，**図6-39**に示すようにゲート回路に流す制御電流の位相を調整するこ

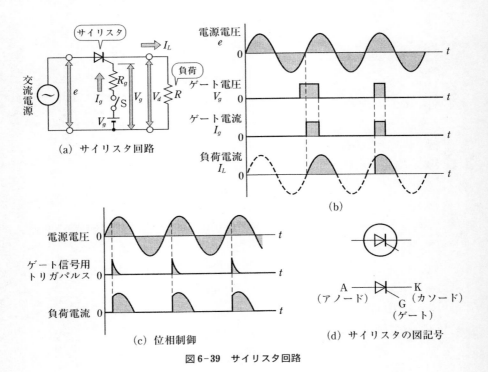

図 6-39　サイリスタ回路

とにより，直流出力の電圧および電流の値を制御することができる．

　サイリスタは，1素子当たりの出力がきわめて大きなことが特徴である．し
たがって，サイリスタを用いて電動機の速度制御を行ったり，また，電気炉の
温度制御や整流装置に広く使用されている．

6·6　電気器具

　電気器具には各種のものがあり，数多くの製品が作られている．これらの電
気製品は電気用品取締法の適用を受ける．したがって，これらの電気器具は検
査が行われている．この検査に合格すると型式承認が得られ▽または㊀マーク
が付けられる．▽マークの付いた甲種電気器具は，構造や使用法からみて特に
事故の発生する恐れのあるものに付けられている．また，㊀マークの付いた乙
種電気器具は，構造が簡単で，危険の少ない電気器具に付けられる．

① 開 閉 器

　開閉器は，電気回路の操作や点検，保守を行う際に電気回路の開閉に用いる
器具である．

（a）　カバー付ナイフスイッチの外観　　　　　（b）　箱開閉器の外観

図6-40　開 閉 器

(1) ナイフスイッチ

ナイフスイッチは，**図 6-40** (a) に示すようなカバー付きナイフスイッチが一般に多く使用されている．ナイフスイッチは，一般電気回路の主幹開閉器，分岐開閉器および電灯，電熱回路などの開閉器として使用され，電動機回路の開閉器としては使用することはできない．したがって，ナイフスイッチは，1日に数回程度，電気回路を開閉するような場合に使用されている．

ナイフスイッチは，その構造が簡単で，取扱いが容易であるため，600 V 以下の交流，直流回路に広く使用されている．定格電流は，15，30，60，100，200，400 および 600 A のものがある．ナイフスイッチは，瞬間的な過電流を頻繁に開閉する回路には使用することができない．

(2) 箱開閉器

箱開閉器は，図 6-40 (b) に示すように開閉器（スイッチ）を箱で覆って，箱の外部から開閉操作が行われるようにしたものである．箱開閉器は，主に屋外で，周波数 50 Hz または 60 Hz の交流 600 V 以下の電気回路で使用される．定格電流は 600 A 以下，定格容量は 15 kW 以下の負荷の開閉に使用される．

箱開閉器も，1日数回程度の電気回路の開閉を行う場合に使用するもので，電気回路の頻繁な開閉を行うのには不適当である．箱開閉器は，開閉器の開閉能力により A 種および B 種に分けられている．A 種は，主幹開閉器，分岐開閉器やまたは電灯回路，電熱回路の手元開閉器として使用されている．B 種は，主に電動機回路の手元開閉器に使用されている．

また，箱開閉器は，スイッチが閉路状態となっている場合には，箱開閉器のふたが開かない構造で，かつ，ふたが開かれている状態では取っ手を操作してもスイッチが閉じない構造となっている．

(3) 配線用遮断器

配線用遮断器は，**図 6-41** に示すような構造となっている．配線用遮断器は屋内電路の開閉と過電流保護を兼ねた器具である．配線用遮断器の動作特性は，定格電流では動作せず，定格電流の 1.25 倍および 2 倍の電流に対しては，**表 6-2** に示す時間内に動作することが規定されている．

第7章 各種の電気応用

　電気工学の発展に伴い電気を使用したものには多くのものがある．例えば，電気を熱エネルギーとして利用したものには電灯，電熱があり，電気の化学作用を利用したものには電池などがある．

　これらの電気を使用する場所に電気を送るための送配電回路などがある．一方，産業の自動化，省力化に伴いシーケンス制御回路など，その応用には数多くのものがある．

　また，電力回路を制御するために半導体素子も多く使用され始めた．そこで，半導体素子と電子回路に使用されている電子部品についてもその概要について示す．

7・1　照　　明

　照明用の光源としてジュール熱を利用した白熱電球や放電現象を利用した放電灯などがある．このように電灯は電気エネルギーによって光を発生するものの総称である．

① 白熱電灯

　白熱電球は，温度放射による発光を利用したものである．白熱電球のフィラメントは，高温に耐えるタングステンの細線をコイル状にしたものである．このフィラメントに電流を流すと，このときに生じるジュール熱によりフィラメントを白熱状態にして光を放射させている．

　ガラス球内にはアルゴン，窒素などの混合ガスを封入してフィラメントが蒸発するのを防止している．白熱電球は，図7-1に示すように構造が簡単で，

取扱いが容易である．しかし，けい光ランプに比べて，熱損失が大きく，光色が劣り，また，効率も悪い．

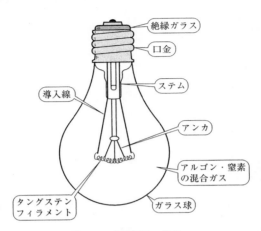

図7-1　白熱電球の構造

2　けい光ランプ

　けい光ランプは，低圧水銀放電灯の一種で，低圧水銀蒸気中のアーク放電を行った際に生じる多量の紫外線を，けい光ランプ内に塗布してあるけい光物質に当てて，可視光線を高い効率で放射させるものである．

　けい光ランプは，**図7-2**に示すように細長いガラス管の両端にタングステンフィラメントを備え，管内に少量の水銀と放電を容易にするためアルゴンガスが封入されている．

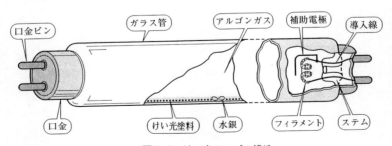

図7-2　けい光ランプの構造

電圧を加え，このとき誘電損によって生じる熱を利用するものである．

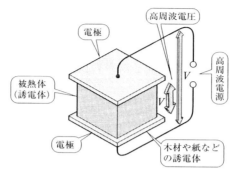

図7-8　誘電加熱

② 電熱材料

電熱材料には，発熱体と熱絶縁物や耐熱絶縁物がある．

(1)　発 熱 体

発熱体には，金属発熱体と非金属発熱体とがある．いずれも高温に耐えて酸化しにくく，また，抵抗率が大きく抵抗温度係数が小さくて加工が容易であることが望ましい．

金属発熱体としては，ニクロム線や鉄クロム線がよく使用されている．いずれも1種と2種とに分かれており，線状または帯状に加工して使用される．このほかの発熱体としては，低温用に鉄線，実験用に白金線，高温用にタングステン線などが使用されている．ニクロム線および鉄クロム線の性能を**表7-1**に示す．

非金属発熱体としては，炭化けい素（SiC，カーボランダム）を主成分としたものが多く使用されている．炭化けい素は約1400 ℃の高温に耐えるが，衝撃に弱いことと端子の取付けが困難なことなどの欠点がある．

(2)　熱絶縁物と耐熱電気絶縁物

熱絶縁物は，熱の伝導を防ぐために使用されるもので，高温に十分耐えるも

表 7-1　電熱線の種類

品　種	記　号	体積抵抗率〔$\mu\Omega\cdot cm$〕20℃	最高使用温度〔℃〕	特　　　性
ニクロム第1種	NCH 1	108 ± 6	1 100	加工が容易，耐ガス性が強い．
ニクロム第2種	NCH 2	112 ± 6	950	耐熱，耐ガス性は第1種よりやや劣る．
鉄クロム第1種	FCH 1	142 ± 7	1 200	高温使用に適するが，加工が困難である．高温使用後の加工が困難である．
鉄クロム第2種	FCH 2	123 ± 6	1 100	鉄クロム第1種より加工が容易，高温使用後の加工が困難である．

のでなければならない．耐熱電気絶縁物は，高温で使用しても電気抵抗の値が大きなものでなければならない．一般に，電気の絶縁物は，熱の絶縁物でもあり導体などの放熱量が小さくなり，温度上昇の原因ともなる．一方，保温材料としても使用されることがある．

③　電 気 炉

　電気炉は，工業用電熱機器として代表的なものである．電気炉は熱の発生方式により抵抗炉，アーク炉および誘導炉の3つの方式に分けられる．

(1)　抵 抗 炉

　抵抗炉は加熱方式により分類され，間接抵抗炉と直接抵抗炉の2つの方式のものがある．**間接抵抗炉**はニクロムや鉄クロムなどの電熱線の発熱によって被熱物を加熱するもので，銅や軽金属の熱処理に使用されている．

　また，**直接抵抗炉**では，抵抗体である被熱物を電極ではさんで電流を流し，その被熱物の抵抗によって生じる熱を利用するものである．例えば，**図7-9**に示すように，黒鉛電極の製造に使用される黒鉛炉などが直接抵抗炉である．黒鉛炉は，炉の中に炭素電極を並べ，その間に粒状の炭素を詰め込んで電極間に電圧を加え，直接加熱により黒鉛電極を作るものである．

のである．数回巻いた高周波コイルに高周波電流を流し，この電流によって生じる高周波磁界内に金属を入れると，金属の表面に誘導電流が流れて加熱される．

したがって，歯車やカムなどの鋼の表面焼き入れなどに用いられている．焼き入れの深さは加熱時間や周波数の値で加減することができる．しかも，短時間に処理することができ，部品にひずみが生じないなどの特徴がある．

(2) 高周波誘電加熱

高周波誘電加熱は，高周波電界内に絶縁物（誘電体）を置き，誘電体に高周波電界を加えると，誘電体内部に生じる誘電体損により加熱するものである．被熱体の内部から発熱するため，均一で，しかも，短時間に加熱することができる．

また，2種以上の成分が含まれている発熱体では，周波数を適当に選ぶことにより選択加熱を行うこともできる．高周波誘電加熱は，木材や紙などの乾燥，接着または薬品や食料品の乾燥加工，合成樹脂などの成形加工に使用されている．

(3) 赤外線加熱

赤外線加熱は，赤外線電球から放射される赤外線を利用して加熱するものである．赤外線放射により直接被熱体表面に熱を加えるもので，熱効率が良く，その構造が簡単で操作も容易である．赤外線加熱は，塗装，印刷，布，紙などの乾燥や薬品，食料品などの処理にも使用されている．

7・3 電 気 化 学

電解液の中を電流が流れると，これを電気分解する作用がある．また，直流電源として用いられている電池は，物質の化学的性質を利用して起電力を得ている．このように電気により物質の化学的性質を利用した電気化学が広く用いられている．

①　電気めっき

　電気めっきは，**図 7-16** に示すように電解液中に電極を設け，これに電源を接続して電流を流すと，電解液は電気分解して陰極の鉄片の表面にイオンとして運ばれた銅が析出して銅の層ができる．このようにして金属素地を陰極として電解液に浸し，電解によって金属素地の表面に電解液中の金属イオンを析出させて，その薄層をつける操作を**電気めっき**と呼んでいる．

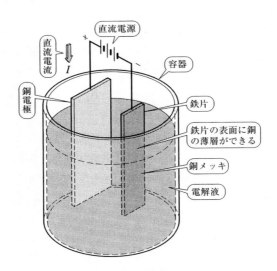

図 7-16　電気めっき

　金属表面にめっきを行う目的は，金属表面を美しく仕上げることや，金属表面を硬くして耐摩耗性を与えたり，また，腐食しにくくすることである．金属表面をめっきするために使用する電解液は，めっきすべき金属の種類，めっきの厚さ，光沢性などにより，各種の電解液が使用されている．電気めっきは，電解液などの処方のほかに，電流密度，電解液の温度などにより影響を受ける．

②　電解研磨

　電気分解が行われる際に，陽極金属が溶融することを利用した研磨法を**電解研磨**と呼んでいる．電解研磨は，みがかれる金属を陽極とし，適当な電解液中で比較的大きな値の電流密度で電気分解を行っている．

すると，金属表面，特にその凸部が急速に溶けて，機械的な研磨では得られないような光沢のある清らかな面が短時間で得ることができる．電解研磨は，医療器具，カメラ，時計などの精密機械部品や装身具などに応用されている．

③　電　池

電池の種類は，その使用目的により各種の電池が製造されている．例えば，カメラ，電卓，時計などに使用されている小型の電池から，保守，制御，保安などに使用されている蓄電池に至るまで，携帯用，移動用，非常用など，その用途は広く多種多様な電源に多く使用されている．

これらの電池にも，一度放電すると再び使用することができない一次電池と，充電すれば繰り返して使用することができる二次電池とがある．ここではこれらの電池の構造や取扱いの方法について述べる．

（1）　一次電池

一次電池のうちで広く使用されている電池は乾電池である．乾電池にはマンガン乾電池，アルカリ・マンガン乾電池，マンガン・リチウム電池，酸化銀電池，水銀電池などがある．マンガン乾電池は，電解液に塩化アンモニウム，塩化亜鉛，減極材に二酸化マンガンを用いたもので，その構造は**図 7-17**に示す

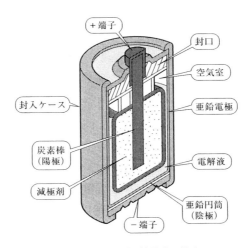

図 7-17　マンガン乾電池の構造

ようになっている.

マンガン乾電池の起電力は約 1.5 V である. しかし, これより高い電圧が
必要な場合には, 乾電池の要素を何個か積み重ねて作った電池がある. これを
積層乾電池と呼んでいる.

マンガン乾電池を改良したものに**アルカリ・マンガン乾電池**がある. アルカ
リ・マンガン乾電池は, 電解液に水酸カリ, 塩化亜鉛を使用している. この乾
電池は耐寒性があり, 寿命が長いなどの特徴がある. マンガン乾電池とアルカ
リ・マンガン乾電池それぞれの放電特性の一例を**図7-18**に示す.

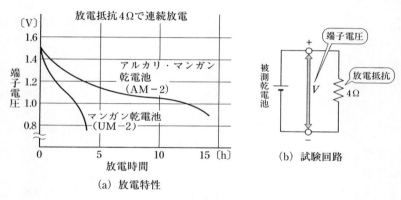

(a) 放電特性　　　　　　(b) 試験回路

図7-18　乾電池の放電特性

水銀電池は, 減極材に酸化水銀を使用したもので, その構造は**図7-19**に示
すようになっている. 水銀電池の起電力は約 1.3 V である. また, 小型軽量
で放電電流を小電流で使用すると, 水銀電池の放電特性は, **図7-20**に示すよ
うに電圧の安定性が良く, 寿命が長いという特徴がある. 水銀電池は, 耐寒性,
耐高温性に優れているが, 電流容量が小さく高価である. また, 水銀が使用さ
れているため現在では製造されている個数も少なく, 特殊な用途以外には使用
されていない.

このほかにリチウム電池がある. **リチウム電池**は高エネルギー密度で, 起電
力は 3 V とマンガン乾電池の 2 倍の電圧が得られる. このようにリチウム電
池はマンガン乾電池に比べて大きなエネルギーが得られ, 放電特性も電圧の安
定性が良く, 寿命も長いといった特徴がある.

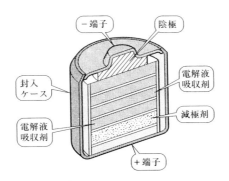

図7-19　水銀電池の構造

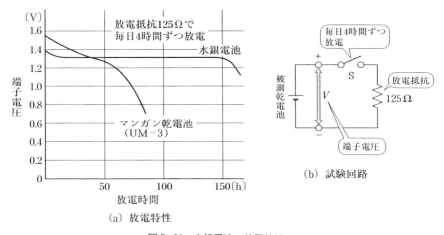

（a）放電特性

（b）試験回路

図7-20　水銀電池の放電特性

　また，長時間リチウム電池を貯蔵しても自己放電が少ないといった貯蔵性が良いため，メモリ・バックアップ用の電源としても使用されている．そのほかの用途としてもコイン形のリチウム電池は電卓などの小型機器の電源に，また，円筒形のリチウム電池はカメラや測定器の電源として使用されている．

（2）　二次電池

　二次電池は，充電することにより電気エネルギーを化学エネルギーとして蓄えておき，必要に応じて電気エネルギーとして取り出すことができる．二次電

池は蓄電池とも呼ばれ，主なものに鉛蓄電池とアルカリ蓄電池とがある．

　鉛蓄電池は，陽極に過酸化鉛（PbO_2），陰極に純鉛（Pb），電解液には希硫酸（H_2SO_4）を用いたもので，両極間に約 2 V の電位差が得られる．鉛蓄電池の外観を**図 7-21** に示す．また，内部構造は，**図 7-22** に示すように陽極板はクラッド式と呼ばれる構造の電極が用いられ，陰極板にはペースト式と呼ばれる構造の電極が多く使用されている．また，極板間の離隔板には多孔性の硬質

図 7-21　鉛蓄電池の外観

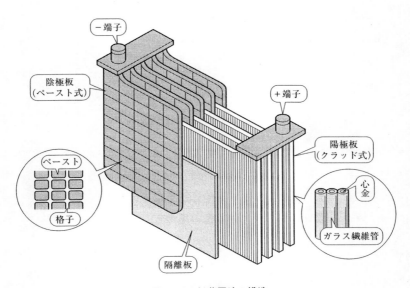

図 7-22　鉛蓄電池の構造

ゴムやガラス繊維板などが使用されている.

鉛蓄電池の充電・放電を行う際の化学反応は,

$$
\begin{array}{cccccc}
\text{陽極} & \text{電解液} & \text{陰極} & \text{陽極} & \text{電解液} & \text{陰極} \\
PbO & +\ 2H_2SO_4 & +\ Pb & \underset{\text{充電}}{\overset{\text{放電}}{\rightleftarrows}}\ PbSO_4 & +\ 2H_2O & +\ PbSO_4 \\
\text{(過酸化鉛)} & \text{(希硫酸)} & \text{(純鉛)} & \text{(硫化鉛)} & \text{(水)} & \text{(硫化鉛)}
\end{array}
$$

である.

鉛蓄電池の充放電特性は, **図7-23**に示すとおりで, 端子電圧, 電解液の比重は, 充電や放電時間の経過とともに図7-23で示したように変化する. 充電または放電の終期には, その特性は著しく変動する. 鉛蓄電池は図7-23に示したa点を**充電終止電圧**, また, b点を**放電終止電圧**と呼んでいる. これらを充電, 放電の限界点とし, これ以上の過充電や過放電を行うと蓄電池の寿命を短くする.

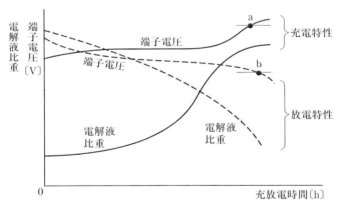

図7-23 鉛蓄電池の充放電特性

蓄電池の容量は, 完全充電状態から放電限界まで一定電流で連続放電したときの放電電気量で表し, 単位に**アンペア時**〔単位記号 Ah〕を用いる. すなわち, 放電電流をI〔A〕, 放電限界までの放電時間をh〔h〕とすれば, 蓄電池の容量Wは次式で表される.

$$W = Ih\ \text{〔Ah〕} \tag{7-1}$$

蓄電池の容量Wは, 放電される電流の大きさによっても異なり, 電流の値

が大きいほど減少する．したがって，一定電流で放電して 10 時間で放電限界になる場合の容量を標準とし，これを **10 時間放電率の容量**と呼んでいる．

7・4　シーケンス制御回路

　機械や装置など使用目的に合うような動作状態にしておくことを制御という．この制御を自動的に操作させることが自動制御である．自動制御にはフィードバック制御とシーケンス制御とがある．フィードバック制御は，あらかじめ希望する命令を制御回路に与え，制御結果の出力と命令との差を検出し，自動的にその差がなくなるように動作させるものである．

　このようにフィードバック制御は，常に命令と結果とを比較させるための帰還（フィードバック）回路により閉回路となっている．一方，シーケンス制御は，動作や状態が希望する値に達すると自動的に次の動作や状態が順次開始されるような制御を行う回路で，シーケンス制御回路は開回路となっている．

① シーケンス制御回路の基本

　シーケンス制御回路は，ある装置において動作が行われたときに，それが原因となって次の動作が行われるように回路を作る．例えば，**図 7-24** に示す電動機の運転回路では，手動により始動用のボタンスイッチ BS_1 を操作すると接点が閉じる．接点が閉じると電磁継電器 R_1 が動作して電磁継電器 R_1 の接点が閉じる．電磁継電器 R_1 の接点が閉じると負荷である誘導電動機 M_1 が始動する．

　誘導電動機 M_1 が始動した後，ボタンスイッチ BS_2 を操作して接点が閉じると電磁継電器 R_2 が動作して誘導電動機 M_2 が始動する．誘導電動機 M_2 が始動した後，ボタンスイッチ BS_3 を操作して接点が閉じると電磁継電器 R_3 が動作して誘導電動機 M_3 が運転を開始する．

　このように，このシーケンス制御回路は，必ず，誘導電動機が M_1 の電動機から順に始動するものである．したがって，誘導電動機 M_1 が運転されていない状態では，ボタンスイッチ BS_2 またはボタンスイッチ BS_3 を操作してもそれぞれの電動機 M_2 および M_3 を始動させることができない回路となっている．

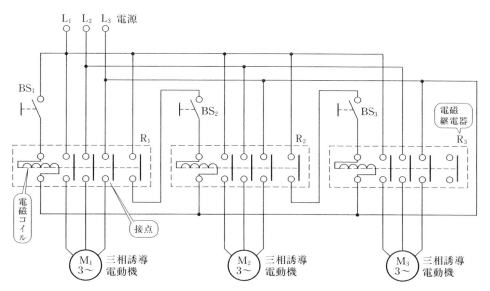

（a）手動による始動回路

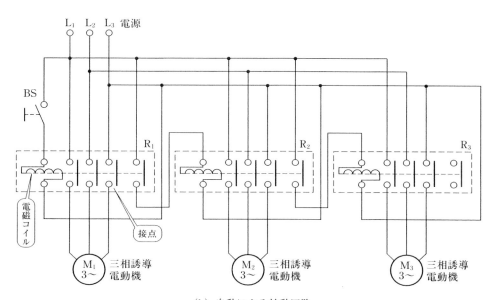

（b）自動による始動回路

図 7-24 三相誘導電動機の始動回路

この回路をボタンスイッチ 1 個の操作により電動機を次々に始動させることのできる回路は，図 7-24（b）に示す回路である．図 7-24（b）に示した回路は，ボタンスイッチ BS を閉じると電磁継電器 R_1 が動作して自動的に次々と電動機が始動する．

電磁継電器 R を使用したシーケンス制御回路の基本回路としては，**図 7-25** に示すような回路が用いられている．この基本回路は，ボタンスイッチ BS を操作してその接点が閉じると，電磁継電器 R の電磁コイルに励磁電流が流れて電磁継電器が動作する．電磁継電器 R が動作すると電磁継電器に取り付けられている接点が閉じる．

このように電磁継電器を使用すると，電磁継電器の電磁コイルに比較的に小さな値の励磁電流を流すことにより電磁継電器を動作させ，電磁継電器に取り付けられている接点により大きな値の負荷電流を制御することができる．

一般に使用されているシーケンス制御回路の基本回路について述べる．図 7-25 に示した回路ではボタンスイッチ BS を操作すると電磁継電器 R は動作する．しかし，この回路ではボタンスイッチのボタンから指先を離すとボタンスイッチの接点が開き電磁継電器は復帰してしまう．

そこで，**図 7-26** に示すように電磁継電器 R の接点をボタンスイッチ BS の接点と並列に接続する．この回路では，ボタンスイッチ BS を操作して電磁継電器 R が動作すると，ボタンスイッチの接点と並列に接続されている電磁継電器の接点 R も閉じる．

したがって，ボタンスイッチが復帰して接点が開いても電磁継電器の励磁回路は，電磁継電器の接点 R を通して励磁電流が流れ続け，電磁継電器は動作を続ける．このようにこの回路はボタンスイッチを一度操作すると回路が動作を続ける．このような回路を**自己保持回路**と呼んでいる．

しかし，自己保持回路は，一度回路が動作すると電磁継電器 R は動作したままとなる．したがって，自己保持回路を復帰させるには電源回路を切るか，**図 7-27** に示すように自己保持回路と直列にボタンスイッチの b 接点を接続しておき，このボタンスイッチ BS_2 を操作して b 接点を開くことにより自己保持回路を復帰させることができる ON・OFF 回路となる．

この ON・OFF 回路は，電磁継電器 R の代わりに電磁開閉器 MC を使用し

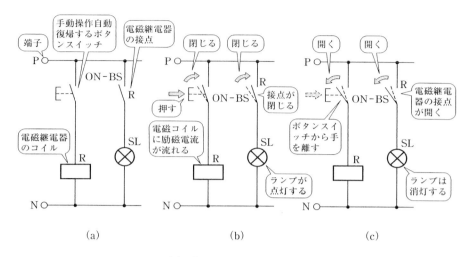

（1）系列1による展開接続図

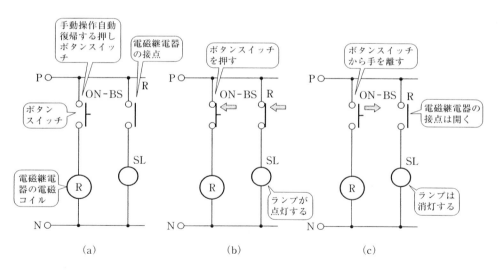

（2）系列2による展開接続図

注）系列1, 2とは，JIS C 0301の図記号の表記の2つの系列である．系列1はIEC（国際標準会議）規格によるもの，系列2は，従来のJIS規格によるものである．

図7-25　シーケンス制御回路の基本回路

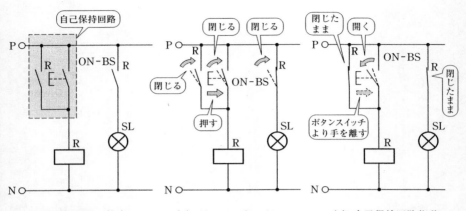

(a) 電磁継電器の接点に
　　よる自己保持回路

(b) ボタンスイッチに
　　よる回路の始動

(c) 自己保持回路作動

(1) 系列1による展開接続図

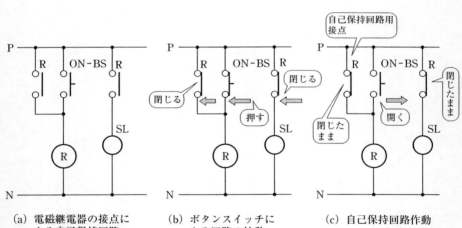

(a) 電磁継電器の接点に
　　よる自己保持回路

(b) ボタンスイッチに
　　よる回路の始動

(c) 自己保持回路作動

(2) 系列2による展開接続図

図 7-26　電磁継電器の接点を用いた自己保持回路

（a）電磁開閉器

（b）電磁接触器

図 7-32　電磁開閉器・電磁接触器の外観

　制御用ボタンスイッチ（BS）は，**図 7-33** に示すような形状のものがあり，それぞれの用途に適したボタンスイッチが使用されている．また，表示灯（SL）は，シーケンス制御回路が，いま，どのような動作をしているかをグローブの色で表示するもので，グローブの色には赤，緑，青，黄赤（だいだい），黄，白および無色透明の 7 色がある．

　このほかに，動作時間の設定に用いるタイマ（TLR）や物体の検出に用いる検出器がある．検出器にも多くの種類のものがある．例えば，位置の検出にはマイクロスイッチがよく使用されている．

　また，非接触の検出器としては光を用いた光電センサや超音波を用いた超音波センサおよび高周波を用いた近接センサなどがあり，用途に合わせて使い分けられている．

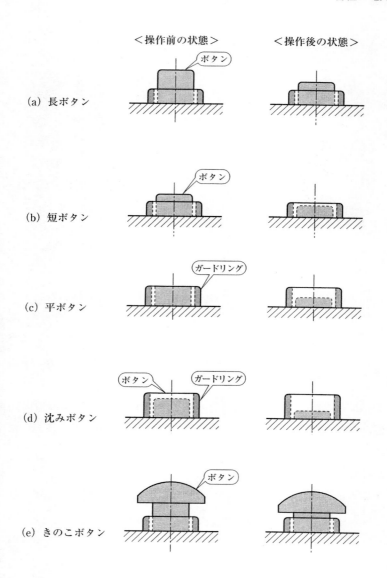

図7-33 制御用ボタンスイッチの形状

7·5 電子回路とその応用

電子回路を構成するにはいろいろな部品が必要である．これらの部品には抵抗，コンデンサ，コイル，トランジスタ，IC などがある．電子回路は，トランジスタや IC などの能動部品と，抵抗，コンデンサ，コイルなどの受動部品を用いて組み立てられている．電子回路は，これらの能動部品と受動部品とを用いて用途に適した各種の電子回路を組み立てることができる．

① 半導体と電子部品
(1) 半導体

ダイオードやトランジスタなどは，半導体により作られている．半導体の材料としては，ゲルマニウムやシリコンが使用されている．ダイオードやトランジスタに使用する半導体材料としては高い純度が必要である．半導体に使用するシリコン（けい素）では，99.999 999 999 ％と 9 が 11 個（イレブンナイン）も続く高純度のシリコンが使用されている．

この高純度のシリコン結晶に少量の不純物を溶かし込み，不純物半導体を作る．いま，シリコンに不純物としてホウ素（B）をわずかに加えて溶かし込むと電子が 1 個不足している状態になる．つまり，正孔が 1 個できている状態にある．この正孔は，ホウ素に弱く捉えられているが，室温程度の熱エネルギーによって結晶内を自由に動き回ることができる．このように正孔が自由に動くことができる半導体を **p 形半導体** と呼んでいる．

また，シリコン結晶に不純物としてリン（P）をわずかに加えて溶かし込むと電子が 1 個余る．この電子はリンに弱く捉えられているが，室温程度の熱エネルギーによってシリコンの結晶内を自由に動き回ることができる．このように電子が自由に動くことができる半導体を **n 形半導体** と呼んでいる．

ダイオードは，p 形半導体と n 形半導体とを接合したものである．この pn 接合された半導体は，図 **7-34** に示すように，接合部付近は p 形半導体からは正孔が n 形半導体の領域に拡散する．一方，n 形半導体からは電子が p 形半導体の領域に拡散する．

このように p 形半導体から正孔が流れ出ると，正電荷が流れ出たことにな

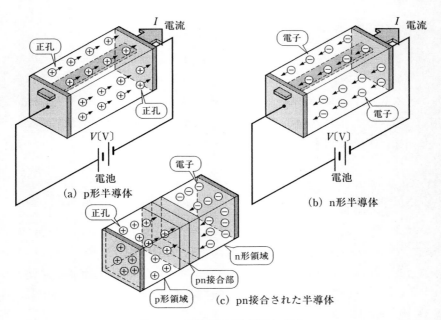

図 7-34　半導体の正孔と電子の働き

り，このp形領域は負に荷電されたことになる．また，n形半導体では電子が
p形の領域から流れ出るため，この部分は正に荷電されたことになる．したが
って，p形とn形の接合部分では電子と正孔とが欠乏した領域ができ，これを
空乏領域と呼んでいる．

この空乏領域の幅は，p形およびn形半導体の不純物の濃度によって定まる．
いま，pn接合された半導体に，**図 7-35** に示すようにp形領域が負，n形領
域が正となるように電圧を加えると，正孔および電子はそれぞれの電極の方に
引かれて空乏領域が広がる．この空乏層は高抵抗となるため電流はほとんど流
れることができない．この状態を**逆方向**という．

また，p形領域が正，n形領域が負となるように電圧を加えると，**図 7-36**
に示すように空乏層はせまくなり，正孔はp形領域からn形領域に流れ込み，
電子はn形領域からp形領域に流れ込む．一方，電流は接合部を超えてp形
領域からn形領域に流れる．この状態を**順方向**と呼んでいる．

このようにpn接合された半導体は，ある方向には電流を流すが，他の方向

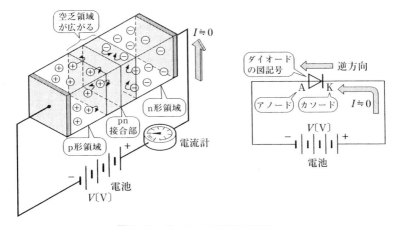

図7-35 ダイオードの逆方向電流

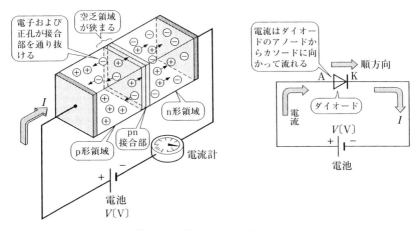

図7-36 ダイオードの順方向電流

には電流を流さないという働きをする．これを**整流作用**と呼んでいる．このp n接合による整流素子を**半導体ダイオード**または単に**ダイオード**と呼んでいる．
　トランジスタは，ダイオードにさらに接合部をもう１つ増したもので増幅作用がある．トランジスタは，**図7-37**に示すように２つのn形半導体の間にp形半導体の領域を持つように作られた単結晶である．これを**npn形トランジスタ**と呼んでいる．また，**図7-38**に示すように，２つのp形半導体の間にn

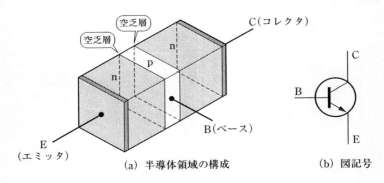

(a) 半導体領域の構成　　　　　　　　(b) 図記号

図7-37　npn 形トランジスタ

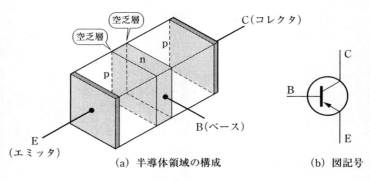

(a) 半導体領域の構成　　　　　　　　(b) 図記号

図7-38　pnp 形トランジスタ

形半導体領域をもつようにしたものを **pnp 形トランジスタ**と呼んでいる.

　トランジスタの両端の半導体領域の一方を**エミッタ**（E），他方を**コレクタ**（C），中間の領域を**ベース**（B）と呼んでいる．npn 形トランジスタを例にしてその動作を説明する．まず，**図7-39** に示すように，ベースとエミッタ間に順電圧 E_B（ベース電圧）を加えると，ベースからエミッタに向かってベース電流 I_B が流れる.

　さらにコレクタとエミッタ間に順電圧 E_C（コレクタ電圧）を加えると，エミッタの大部分の電子はベースを通過してコレクタに侵入し，コレクタ電流 I_C が流れる．なお，エミッタにはコレクタ電流 I_C とベース電流 I_B との合成されたエミッタ電流 I_E が流れる.

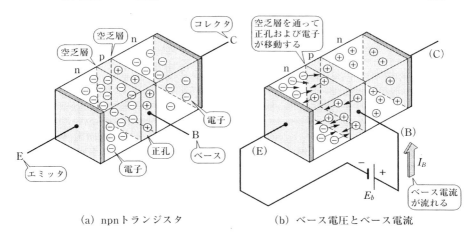

（a）npnトランジスタ　　　　　　　　　（b）ベース電圧とベース電流

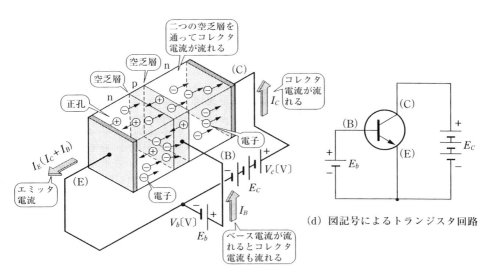

（c）ベース電流とコレクタ電流

（d）図記号によるトランジスタ回路

図7-39　トランジスタ回路

　　トランジスタの特性の中で，コレクタ電圧 V_c を一定にしたとき，ベース電流 I_B に対するコレクタ電流 I_c との関係を **I_B-I_c 静特性**という，また，ベース電流 I_B を一定にしたときのコレクタ電圧 V_c に対するコレクタ電流 I_c との関係を，**I_c-V_c 静特性**という．この特性曲線の一例を**図7-40**に示す．

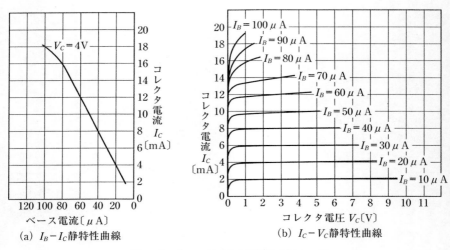

(a) $I_B - I_C$静特性曲線 （b） $I_C - V_C$静特性曲線

図7-40 トランジスタの静特性曲線の一例

(2) 電子部品

電子回路を構成するには各種の電子部品が使用されている．抵抗器は電子回路を構成している素子のうちで最も使用されている数が多い．抵抗器の種類では炭素皮膜抵抗器およびソリッド抵抗器が最も多く，その形状は**図7-41**に示すとおりである．

炭素皮膜抵抗器は，磁器の表面に炭素粉末を焼き付け，その両端に電極を取り付けたものである．抵抗値の調整は磁器の表面に焼き付けられた炭素皮膜に溝を切り，抵抗値が所要の値となるようにしている．抵抗値の調整が終わった抵抗器は抵抗器の表面に塗料を用いて絶縁したり，また，樹脂によりモールドして炭素皮膜を保護している．

ソリッド抵抗器は，炭素粉と他の物質，例えばレジンなどを混ぜて固めたものにリード線を取り付け，さらにその表面を絶縁物でモールドしたものである．

抵抗器の抵抗値の表示には**図7-42**に示すように，抵抗値を数字だけで表したものと，カラーコードにより示したものとがある．抵抗値を数字で表示したものでは，一目で抵抗値を読み取ることができる．カラーコードで抵抗値を表示したものでは，表示されている色の組み合わせで抵抗値を読み取るようにな

図 7-41 抵抗器の外観

（a） 抵抗値をカラーコードで表示しているもの 　　（b） 抵抗値を数字で表しているもの

図 7-42 抵抗器の抵抗値の表示

っている．このカラーコードによる表示を**図 7-43** に示す．

　電子部品として抵抗器のほかに多く使用されているものにコンデンサがある．
電子回路に使用されているコンデンサには，カップリングコンデンサ，バイパ
スコンデンサ，平滑コンデンサなどがあり，用途により使用するコンデンサを
選ばなければならない．

　カップリングコンデンサは，直流を遮断して交流信号のみを通す場合に用い
られる．バイパスコンデンサは，直流に含まれる不要な交流信号や雑音をノイ

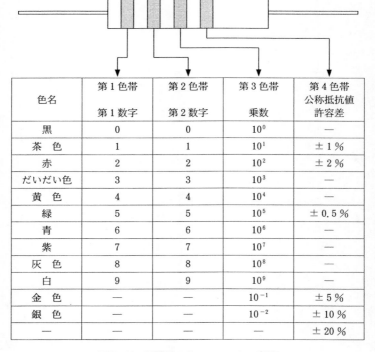

色名	第1色帯 第1数字	第2色帯 第2数字	第3色帯 乗数	第4色帯 公称抵抗値 許容差
黒	0	0	10^0	—
茶 色	1	1	10^1	±1%
赤	2	2	10^2	±2%
だいだい色	3	3	10^3	—
黄 色	4	4	10^4	—
緑	5	5	10^5	±0.5%
青	6	6	10^6	—
紫	7	7	10^7	—
灰 色	8	8	10^8	—
白	9	9	10^9	—
金 色	—	—	10^{-1}	±5%
銀 色	—	—	10^{-2}	±10%
—	—	—	—	±20%

図7-43　抵抗器のカラーコードの表示

ズを接地する場合に用いられる．平滑コンデンサは，電源回路の平滑用として使用される．

　コンデンサは，コンデンサに使用する誘電体の種類によって分類され，電解コンデンサ，紙コンデンサ（MP コンデンサ），プラスチックコンデンサ，マイカコンデンサ，磁器コンデンサなど多くの種類のものが作られている．

　これらコンデンサも，用途により使い分ける必要がある．特に，電解コンデンサは直流回路に用いるもので，絶対に交流回路には使用してはならない．また，電解コンデンサは極性が指定されており，＋側の電極には必ず直流回路の＋側に接続する．誤って極を逆に接続すると，電解コンデンサは発熱して最後には破裂してしまう．このため，極性を間違わないように注意して使用する．

　コンデンサには必ず定格電圧の値が定められている．したがって，定格電圧の値より高い値の電圧をコンデンサに加えると，コンデンサの電極間に挿入さ

れている誘電体が絶縁破壊を起こして電極間が短絡され，このために電子回路が短絡してしまうといった事故が発生する場合がある．このような事故が生じるためコンデンサの定格電圧を超すような回路に使用してはならない．これら各種のコンデンサの外観を**図7-44**に示す．

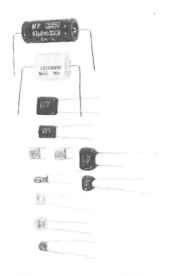

図7-44　コンデンサの種類

② 電子制御

　半導体素子を用いた電子制御回路には各種のものがある．電力回路の電力制御にはサイリスタが多く使用されている．サイリスタは，ダイオードにゲート端子を設け，ゲートにゲート電流を流すことにより整流機能を制御できるもので，小さな値のゲート電流により大きな値の負荷電流を制御することができる．

　したがって，サイリスタは，電力制御回路に使用すれば効率の良い電力制御および大電力のスイッチングを行うことができる．サイリスタは，ゲート回路にゲート電流を流すと導通状態となる．これをサイリスタがターンオンしたという．サイリスタが一度ターンオンすると，ゲート電流の値が0となってもサイリスタは導通したままの状態である．

　サイリスタを導通の状態から不導通の状態にするには，サイリスタに流れて

　いる電流の値を 0 にするか，負荷の抵抗の値をきわめて大きくするか，電源電
圧の値をきわめて小さくする必要がある．

　しかし，電源が交流の場合には，サイリスタがターンオンしても，電源の電
圧が負の半サイクルになれば，サイリスタには逆電圧が加わりサイリスタはター
ンオフする．一度サイリスタがターンオフするとサイリスタに次の正の半サイ
クルの電圧が加わっても，ゲート回路にゲート電流を流さないかぎりサイリス
タはターンオンしない．

　したがって，交流回路でサイリスタを使用する場合，**図 7-45** に示すように
正の半サイクルごとにゲートに加える電圧の位相を変えることにより，負荷に
流すことのできる電流の値を可変することができる．このように，ゲート信号
の位相を変えて負荷に加わる電力を制御することを**位相制御**と呼んでいる．

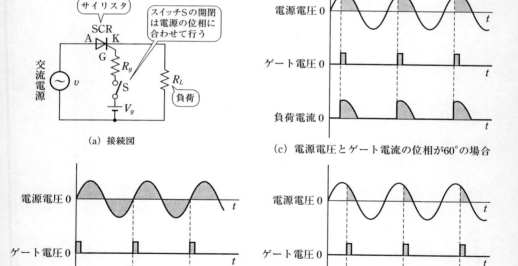

(a) 接続図

(b) 電源電圧とゲート電流が同相の場合

(c) 電源電圧とゲート電流の位相が 60°の場合

(d) 電源電圧とゲート電流の位相が 120°の場合

図 7-45　サイリスタの位相制御

第 7 章　練 習 問 題

1. けい光ランプを白熱電球と比較し，その利点および欠点について述べよ．

2. 高圧水銀ランプ，ナトリウムランプは，どのような場所に使用されているか．

3. 照明方法には直接照明と間接照明とがある．それぞれの照明方法の得失について述べよ．

4. 電熱用の材料としてどのような発熱体があるか．それぞれの発熱体の特徴を述べよ．

5. 加熱方式の主なものにどのような方式のものがあるか．それぞれの方式を述べよ．

6. 50 Ah の蓄電池を 10 時間放電率で使用した場合，電池の放電電流の値は何〔A〕か．

7. 電子回路を構成する能動部品と受動部品にはどのような部品があるか．主な部品を示せ．

練習問題の解答

第1章　練習問題の解答

1. 1・1 ① (1)「水力発電所」を参照
2. 1・1 ① (2)「火力発電所」を参照
3. 1・1 ① (3)「原子力発電所」を参照
4. 1・1 ① (4)「揚水発電所」を参照
5. 1・1 ②「変電所」を参照
6. 1・1 ②「変電所」を参照
7. 1・1 ③「屋内配線一般」を参照
8. 1・1 ④「屋内配線用電線」を参照
9. 1・1 ⑥「電気設備の保安」を参照
10. 1・1 ⑥「電気設備の保安」を参照

第2章　練習問題の解答

1. $I = \dfrac{Q}{t} = \dfrac{4}{0.5} = 8\mathrm{A}$

2. $Q = I\,t = 5 \times 5 = 25\,\mathrm{C}$

3. $C = \dfrac{Q}{V} = \dfrac{10^{-5}}{10} = 10^{-6} = 1 \times 10^{-6} = 1\mu\mathrm{F}$

4. $I = \dfrac{V}{R} = \dfrac{1.5}{3} = 0.5\,\mathrm{A}$

5. $V = I\,R = 2 \times 50 = 100\,\mathrm{V}$

6. $R = \dfrac{V}{I} = \dfrac{100}{25} = 4\Omega$

7. $R = R_1 + R_2 + R_3 = 25 + 30 + 45 = 100\Omega$

8. $R = \dfrac{1}{\dfrac{1}{R_1} + \dfrac{1}{R_2}} = \dfrac{1}{\dfrac{1}{20} + \dfrac{1}{30}} = \dfrac{1}{\dfrac{3}{60} + \dfrac{2}{60}} = \dfrac{1}{\dfrac{5}{60}} = \dfrac{60}{5} = 12\,\Omega$

9. $P = V\,I = 120 \times 25 = 3\,000\mathrm{W} = 3\,\mathrm{kW}$

10. $P = I^2 R = 20^2 \times 25 = 400 \times 25 = 10\,000 \text{ W} = 10\,\text{kW}$

11. $W = Ph = 500 \times 2.5 = 1\,250 \text{ Wh} = 1.25\,\text{kWh}$

12. $H = R I^2 t = 4 \times 2^2 \times 20 \times 60 = 19\,200\text{J}$

第 3 章　練習問題の解答

1.　$F = 6.33 \times 10^4 \times \dfrac{m_1 m_2}{r^2} = 6.33 \times 10^4 \times \dfrac{4 \times 10^{-2} \times 6 \times 10^{-2}}{0.\,2^2}$

$= 6.33 \times 10^4 \times \dfrac{24 \times 10^{-4}}{0.\,04} = 6.\,33 \times 10^4 \times\ 6\ \times 10^{-2}$

$= 3.\,798 \times 10^3 \text{ N}$

2.　$F = mH = 0.4 \times 10^3 = 400 \text{ N}$　となり，F の方向は磁界と同じ方向となる．

3.　$B = \mu H = 4\pi \times 10^{-7} \times 500 = 2\pi \times 10^{-4} \text{ T}$

4.　$\phi = \dfrac{NI}{R} = \dfrac{1\,000 \times 0.5}{10^2} = 5 \text{ Wb}$

5.　$e = BlV = 2 \times 1 \times 50 = 100\text{V}$

6.　$e = -N \dfrac{\varDelta \phi}{\varDelta t} = -\dfrac{50 \times (-0.4)}{0.2} = 100\text{V}$

7.　$e_L = -L \dfrac{\varDelta I}{\varDelta t} = -0.5 \times \dfrac{5}{0.2} = -12.5\text{V}$

8.　$e_M = -M \dfrac{\varDelta i_P}{\varDelta t} = -0.5 \dfrac{10}{1} = -5\text{V}$

9.　$\dfrac{v_1}{v_2} = \dfrac{N_1}{N_2}$　　$N_2 = \dfrac{v_2}{v_1} N_1 = \dfrac{100}{6\,000} \times 4\,500 = 75$

第 4 章　練習問題の解答

1.　$T = \dfrac{1}{f} = \dfrac{1}{50} = 0.02 = 20\text{ms}$

2.　$V_m = \sqrt{2}\ V = 1.414 \times 100 = 141.1\text{V}$

3.　$I = \dfrac{I_m}{\sqrt{2}} = \dfrac{10}{1.414} = 7.07\text{A}$

4.　$X_{50} = \omega L = 2\pi f L = 2 \times 3.14 \times 50 \times 0.2 = 62.8\ \Omega$

$X_{60} = \omega L = 2\pi f L = 2 \times 3.14 \times 60 \times 0.2 = 75.36\ \Omega$

5.　$I = \omega CE = 2\pi f CE = 2 \times 3.14 \times 100 \times 10 \times 10^{-6} \times 100$

$$= 2\pi \times 10^{-1} = 0.628 \text{ A}$$

6. $$I = \frac{E}{\sqrt{R^2 + \left(\omega L - \dfrac{1}{\omega C}\right)^2}} = \frac{100}{\sqrt{60^2 + (500 - 420)^2}}$$

$$= \frac{100}{\sqrt{60^2 + 80^2}} = \frac{100}{100} = 1 \text{ A}$$

7. $P = VI \cos \phi = 100 \times 20 \times 0.6 = 1200 \text{ W} = 1.2 \text{ kW}$

8. 皮相電力 $= EI = 100 \times 10 = 1\,000 \text{ VA} = 1 \text{ kVA}$

力率 $= \dfrac{\text{有効電力}}{\text{皮相電力}} = \dfrac{600}{1\,000} = 0.6$

9. $V_{ab} = \sqrt{3}\ E = \sqrt{3} \times 115.4 \fallingdotseq 200 \text{ V}$

10. $I_a = \sqrt{3}\ I_{ab}$ $\qquad I_{ab} = \dfrac{I_a}{\sqrt{3}} = \dfrac{20}{1.732} = 11.54 \text{ A}$

11. $P = \sqrt{3}\ VI \cos \phi = 1.732 \times 200 \times 10 \times \dfrac{60}{100} = 2078.4 \text{ W} = 2.0784 \text{ kW}$

12. $N_s = \dfrac{120 f}{P} = \dfrac{120 \times 60}{2} = 3\,600 \text{ rpm}$

第5章　練習問題の解答

1. 強力な永久磁石を用い，この永久磁石の強い磁界を利用しているために感度の良い指示電気計器を作ることができる．

2. 可動鉄片形計器は，その指示が交流の実効値を指示するために交流回路の測定に使用されている．直流測定においても計器は動作するが，可動鉄片にヒステリシスによる残留磁気が生じる．したがって，指針が0に戻らない場合が生じるため，直流回路の測定には適さない．

3. 電流力計形計器は，固定コイルに鉄心を使用していない．したがって，電流と磁界が比例するため，直流と交流の両方の測定が可能である．

4. $P = W_1 + W_2 = 5.6 + 3.4 = 9 \text{ kW}$

5. $X = R\dfrac{P}{Q} = 4\,621 \times \dfrac{100}{1\,000} = 462.1\,\Omega$

6. 低圧回路で使用されている電気機器の絶縁抵抗を絶縁抵抗計で行う場合，絶縁抵抗計の定格測定電圧の値が500Vの絶縁抵抗計を使用する．

第6章　練習問題の解答

1.　$V_1 = \alpha V_2$ から　$V_1 = 60 \times 100 = 6\,000\,\mathrm{V}$

$I_1 = \dfrac{1}{\alpha}\,I_2$　から　$I_1 = \dfrac{180}{60} = 3\,\mathrm{A}$

2.　$\eta = \dfrac{\text{出力}}{\text{出力}+\text{鉄損}+\text{銅損}} \times 100 = \dfrac{10\,000}{10\,000+150+250} \times 100 \fallingdotseq 95.7\,\%$

3.　$N_s = \dfrac{120\,f}{P} = \dfrac{120 \times 60}{6} = 1\,200\,\mathrm{rpm}$

$s = \dfrac{N_s - N}{N_s} = \dfrac{1\,200 - 1\,145}{1\,200} = 0.\,0458 = 4.\,58\,\%$

4.　$N_s = \dfrac{120\,f}{P} = \dfrac{120 \times 50}{2} = 3\,000\,\mathrm{rpm}$

$N_s = N_s(1-s) = 3\,000(1-0.05) = 2\,850\,\mathrm{rpm}$

5.　かご形三相誘導電動機の始動電流の値は，定格電流の5～7倍の値の電流が流れる．したがって，三相誘導電動機の容量が大きくなると始動器を用いて電動機を始動させている．

6.　三相回路の3本の配線のうち，任意の2本の電線を入れ換えると三相誘導電動機の回転方向を変えることができる．三相回路の配線は L_1（R）相と L_3（T）相とを入れ換えている．

7.　型式承認で，甲種電気器具には▽マークが，また，構造が簡単で危険が少なく，一般の家庭で使用されている乙種電気器具，例えば，電球や電気スタンド，アイロンなどには⊤マークがつけられている．

第7章　練習問題の解答

1.　けい光ランプは白熱電球に比べて効率が良く寿命も長い．また，演色性に優れている．しかし，けい光ランプは点灯回路および安定器が必要で，力率が悪いといった欠点がある．

2.　高圧水銀ランプは，道路，広場の照明，天井が高い工場などの照明として用いられている．また，ナトリウムランプは，工学実験の光源として用いたり，トンネル内の照明に使用されている．

3.　7・2 ②　(1)「発熱体」を参照

4.　7・2 ⑤　(1)，(2)，(3)「高周波誘導加熱」，「高周波誘電加熱」，「赤外線加熱」を参照

5. $I = \dfrac{W}{h} = \dfrac{50}{10} = 5\ \text{A}$

6. 7·5 「電子回路とその応用」を参照

索　引

■ 著者紹介

佐藤　一郎（さとう　いちろう）

昭和 33 年　東京電機大学電気工学科卒業
　　　　　　前，職業能力開発総合大学校　非常勤講師
　　　　　　独立行政法人国際協力機構（JICA）　青年海外協力隊事務局　技術顧問
著　書　「図解電子工学入門」／「図解制御盤の設計と製作」　　　　　（以上　オーム社）
　　　　「図解半導体素子と電子部品」／「図解測定器マニュアル（新版）」／
　　　　「図解電気計測」／「図解シーケンス制御回路」／
　　　　「図解シーケンス制御と故障修理」／「図解センサ工学概論」／
　　　　「図解屋内配線図の設計と製作」（共著）／「第一種電気工事士複線図の書き方」／
　　　　「第二種電気工事士技能試験スーパー読本」／「図解でまなぶ電気の基礎」／
　　　　「屋内配線と構内電気設備配線の配線図マスター」　　　　　（以上　日本理工出版会）
　　　　他多数

- 本書の内容に関する質問は，オーム社ホームページの「サポート」から，「お問合せ」の「書籍に関するお問合せ」をご参照いただくか，または書状にてオーム社編集局宛にお願いします．お受けできる質問は本書で紹介した内容に限らせていただきます．なお，電話での質問にはお答えできませんので，あらかじめご了承ください．
- 万一，落丁・乱丁の場合は，送料当社負担でお取替えいたします．当社販売課宛にお送りください．
- 本書の一部の複写複製を希望される場合は，本書扉裏を参照してください．
  JCOPY ＜出版者著作権管理機構　委託出版物＞
- 本書籍は，日本理工出版会から発行されていた『図解 電気工学入門』をオーム社から発行するものです．

図解 電気工学入門

2022 年 9 月 10 日　　第 1 版第 1 刷発行

著　　者　佐　藤　一　郎
発 行 者　村　上　和　夫
発 行 所　株式会社 オーム社
　　　　　郵便番号　101-8460
　　　　　東京都千代田区神田錦町 3-1
　　　　　電話　03(3233)0641(代表)
　　　　　URL　https://www.ohmsha.co.jp/

© 佐藤一郎 2022

印刷・製本　デジタルパブリッシングサービス
ISBN978-4-274-22923-7　Printed in Japan

本書の感想募集　https://www.ohmsha.co.jp/kansou/
本書をお読みになった感想を上記サイトまでお寄せください．
お寄せいただいた方には，抽選でプレゼントを差し上げます．